中国烹饪通史

第一卷

中国烹饪协会◎编著

张海林◎主编

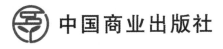

中国商业出版社

图书在版编目（CIP）数据

中国烹饪通史. 第一卷／中国烹饪协会编著.
-- 北京：中国商业出版社，2020.2（2020.9 重印）
ISBN 978-7-5044-9209-8

Ⅰ. ①中… Ⅱ. ①中… Ⅲ. ①烹饪-历史-中国
Ⅳ. ①TS972. 1-092

中国版本图书馆 CIP 数据核字（2020）第 024964 号

责任编辑：刘毕林

中国商业出版社出版发行

010-63180647　www.c-cbook.com

（100053　北京广安门内报国寺 1 号）

新 华 书 店 经 销

北京市京东印刷厂印刷

* * *

710 毫米×1000 毫米　16 开　14. 25 印张　213 千字

2020 年 5 月第 1 版　2020 年 9 月第 2 次印刷

定价：48. 00 元

* * * *

（如有印装质量问题可更换）

前　言

　　习近平总书记在党的十九大报告中指出，中国特色社会主义文化，源自于中华民族五千多年文明历史所孕育的中华优秀传统文化，熔铸于党领导人民在革命、建设、改革中创造的革命文化和社会主义先进文化，植根于中国特色社会主义伟大实践。中共中央办公厅、国务院办公厅印发的《关于实施中华优秀传统文化传承发展工程的意见》提出，在五千多年文明发展中孕育的中华优秀传统文化，积淀着中华民族最深沉的精神追求，代表着中华民族独特的精神标识，是中华民族生生不息、发展壮大的丰厚滋养，是中国特色社会主义植根的文化沃土，是当代中国发展的突出优势，对延续和发展中华文明、促进人类文明进步，发挥着重要作用。作为中华优秀传统文化重要组成部分的中华烹饪文明，更是源远流长、博大精深，且与人们的生产生活及社会发展息息相关。为准确、真实、全面、完整地厘清中国烹饪的发展脉络和核心精髓，合理继承、创新发展中华烹饪文明，促进当代中国餐饮经济的发展，我们编著了这本《中国烹饪通史》。

中国烹饪协会往届几位会长都有过编辑中国烹饪史籍的想法，但因各种原因未能实现。2016年，河南省餐饮与饭店行业协会和河南科技学院、扬州大学旅游烹饪学院、哈尔滨商业大学、四川旅游学院就联合编写《中国烹饪通史》达成共识，并希望由中国烹饪协会牵头，组织各地行业协会和专业院校共同参与编写工作。此设想与我们不谋而合，为此，我们提出了包括编辑《中国烹饪史》在内的《关于大力推进饮食文化弘扬传承工作的议案》，提交于2016年11月召开的中国烹饪协会六届三次理事会议审议并获通过。2017年7月，在河南长垣召开的《中国烹饪通史》第一次编修会议上，初步确定了编辑委员会的成员名单，以及全书的编写计划、纲要和分工。随后，又分别于2018年1月、2019年7月和12月先后在河南郑州、鹤壁、信阳召开了第二次编修会议、第一卷审稿会议、定稿会议，至此，第一卷的书稿已基本成形。

由史料、史识、史文、史论不断积淀而构成的中国历史，相因相承，并非凿空而来。中国烹饪的历史，也是如此。

《中国烹饪通史》在编写上，力求做好以下几个方面的工作：

首先，追溯中华烹饪文明的起源、发展、流传，以及在文明传承中的重要作用。

其次，秉承以主流文明为主线、以次主流文明为辅线的叙述方式。在南宋以前的篇章中，可把黄河流域的饮食文明当作叙述主线。宋室南渡后，政治经济中心南移，饮食文明的核心亦随之南下。

第三，在文字表述上尽力明白、流畅、清晰，不给人以艰涩之感，史料引用为求真实，不避原文，但亦不采取大段另行引述的形式，而是摘取原文字句，融汇成章，出处另注。

第四，主编对各位编者分工撰成的初稿，在内容上或有所取舍修改，并进行观点的整合、体例的统一、文字的修饰，以求协调一致，使之浑成一体，成为一部较为完整的系统性史书。

漫漫史河、泱泱华夏，以通史的方式阐述中国烹饪发展脉络的著作，可以说至今还是空白。由此我们也深感责任重大，加之工程浩大、编写经验或知识上的欠缺，书中或有不足和缺点，敬请读者指正。借此也向参与《中国烹饪通史》编写、审校、资料提供以及对编写出版工作给予大力支持和帮助的所有单位、个人，致以深深的谢意！

中国烹饪协会会长 姜俊贤

己亥年末于北京

《中国烹饪通史》编辑委员会

总 序

　　"以木巽火，烹饪也。"（《周易·鼎》）烹饪的最初概念就是煮熟食物，就是摄取食物的行为，是人类制造食物的劳动。

　　当这种劳动行为形成一个从渔猎、采摘、养殖、种植、加工到进餐的体系和制度后，烹饪便成为人类生存、生产和生活的方式，成为一种文化和文明。

　　中国烹饪就是中国人的生存、生产和生活方式，是从生理需要升华为精神需要的社会文明，是中国传统文化的重要组成部分。

　　人类的生存是以摄取食物为前提的。而摄取食物的方式则肇始着、表现着、演绎着人类的文明进化程度，并决定着、影响着人类社会的走向与未来。从历史唯物主义的观点而言，中国的烹饪在一万年左右的时间内保障了汉民族形成前后的生存和繁衍，并影响着中华民族群体内的其他少数民族，更在近现代的文明交流中日益彰显出、发挥出其独有的文化内涵和张力。

一

　　中国的烹饪称作中国烹饪并非仅以疆域和区划而定名。如果说它最初形成于中华历史上的"国之中"和"中之国"，但此后的演变则使其成为脱离了地理概念的一种文化现象。这就是说，中国烹饪是以中国哲学为内涵、以中国文化为表现的一种生存、生产和生活方式，是人类历史上极具文明价值的文化存在。从另外的角度来诠释，中国烹饪是摄取食物的行为，却又突破了这种行为，在与客观世界的交互中摆脱了形式逻辑的桎梏，完成了从生理需要的个体活动到精神需要的社会活动的升华。

从辩证唯物主义的立场研判，首先是生理的需要决定着人类的行为，促进着社会生产力的发展。但当这种行为和生产力发展的程度足以形成一种意识形态的体系时，它对人类的行为和社会生产力的发展趋势则起着指导性、决定性的作用。据此来研究中国烹饪的发展历程，则必然要探究食物的来源和获取的手段；加工、熟制的手段与工具；进食的方法与方式、观念的形成及理论的完备，从而揭示中国烹饪发展的客观过程和基本规律所在。

人类的食物来源有自然选择即狩猎与采集，也有主观培育。而烹饪初成体系后，主观培育所包括的对野生动、植物的驯化、养殖和种植，成为了获取食物的主要手段。就中国烹饪产生的早期而言，囿于斯时斯地的地理、气候、物产，谷物的采集和种植当为先人食物的主要成分。新郑裴李岗所出土的诸多石碾和贾湖、半坡、姜寨、庙底沟、大河村等文化遗址所发现的大量贮藏谷物的窖穴都是佐证。以粟、稻为主要代表的谷物也决定着加工、熟制的手段与工具，地灶、陶灶、陶釜、陶鼎、陶鬲、陶甑、陶鏊的单用和组合使用，产生了煮法、蒸法、烙法，粥、饭、饼成为主要食品。由于陶器的炊、食共器和食余的发酵，也衍生了酿法，产生了酒。夏、商以降，铜器产生并广泛使用，工具、器皿的硬度、锋利度、容积和烹饪温度都得到大幅度提高，这就使动物性原料的有效分割与蒸、煮成为可能，肉羹出现使膏脂的分离也得以完成，并由此产生煎、炸两法。铜甗的使用提高了蒸法的适应范围及质量、效率，蒸肉成为一品，粟、黍、稻皆可成饭，凝结度和口感也大幅度改善。炊器、食器的基本分离，使釜、鼎、甗之类凸显出专业性，从而扩大口径、提高容积，发挥出更高的效率。安阳殷墟、小屯出土的司母戊大方鼎和三联甗当属确证。应该说，在承袭了新石器时代的火上燔、石上燔、塘灰煨，并经历了五千多年的陶烹、铜烹两个时代后，中国烹饪形成了一套加工、熟制食物的技术体系。其基本技法为灰煨、炙、烤、蒸、煮、烙、煎、炸、酿、腌、渍、熏，其中腌、渍、熏是由原料贮藏而演变出来的技法。也就是说，这些技法已经能够将所有可获取的动、植物原料和调味所需的矿物性、动物性、植物性配料，加工、制作成食物、调料及饮料。

如果以管窥豹的话，《周礼》《左传》等史书所收录记载的羹①，五齑②（昌本、脾析、蜃、豚、深蒲），七菹③（韭菹、茆菹、葵菹、箈菹、菁菹、芹菹、笋菹），八珍④（淳熬、淳毋、捣珍、渍、炮豚、熬、糁、肝膋）和熊蹯、脍鲤、蒸豚、炙鱼、蠃醢、蟹胥、脯鳖、鹄酸、煎鸿、蜜饵、冻饮、琼浆等可见一斑。

进食进餐的方法、方式，统称为饮食文明，也是人类文明程度

---

① 羹，是煮肉（或菜）熬成的汁，食用时可适量添加盐梅、菜等调料，故后人也称制羹为调羹。《说文解字》谓羹：五味盉羹也。盉，同和。《礼记·少仪51》曰："凡羞有湆者，不以齐。"意思就是，凡佳肴中有大羹的，不加佐料调和。

② 五齑，齑同齐，细切为齑，五齑即昌本、脾析、蜃、豚拍、深蒲。

③ 七菹，《周礼·天官·冢宰第一·醢人》："凡祭祀，共荐羞之豆实，宾客、丧纪亦如之……王举，则共醢六十瓮，以五齐、七醢、七菹、三臡（ni，带骨的肉酱）实之。"郑玄注："七菹：韭、菁、茆、葵、芹、箈、笋。"

④ 周八珍，见郑玄注；〔唐〕贾公彦疏，黄侃经文句读：《周礼注疏》，上海古籍出版社，1990年版第56页．炮豚，见王文锦译解．《礼记译解 上》．北京：中华书局，2001年版。

的一个标志。从污尊抔饮①、手撕嘴啃到刀、叉、匙并举，实现了从野蛮到文明的跨越。中国烹饪以自己特有的技术和菜品催生出箸这种独特的进食工具，在铜器时代到来以后，一箸一匙已经可以完成所有的饮食活动。同样是以中国烹饪为基础，进食的方式也完成了一个从新石器时代的共食、分餐到陶器时代的分食、分餐再到铜器时代的共餐、分食、分饮的蜕变，诞生了筵席、宴会这种餐、食、饮的方式和礼仪。

二

　　陶器时代受陶器的器型和炊食共器所限，进食的方式是分食、分餐。部落中的食物原料分配以后，再以最小的宗亲单位自烹自食，部落首领居住地的大型火塘应该是在重要节点时聚会所用。铜器使用以后，炊、食基本分离，开始了专业人员、专业器皿提供的饮食服务，共餐、聚餐成为具有仪式感的部落聚会，亦成为部落、社会中其他重要活动的主要内容之一。经过一个时期的发展、积累，便形成了为某种目的而举行，以饮酒为中心，按一定程序和礼仪进行，提供一整套菜品，提供歌舞服务的筵席、宴会。筵席、宴会是中国烹饪技术与菜品水平的集中表现，不同时期、不同阶层、不同地域的筵席、宴会，是这个时期、这个阶层、这个地域中国烹饪的技术与菜品、酒浆能够达到的最高水平。筵席、宴会也是中国饮食文明、

---

　　① 污尊抔饮。礼记礼运"燔黍捭豚，污尊而抔饮"。意为上古时代人们吃饭只是用手撕开小猪与黍米一起烧烤，在地上挖个小坑储水，用手捧来喝。——王文锦译解.《礼记译解 上》. 北京：中华书局 2001 年版，第 290 页。

中国文化的代表，在中国的人际交往、社会活动中发挥了无可替代的作用，是中国烹饪之所以成为中国人生存、生产和生活方式的权重所在。

中国人饮食观念的形成自然是基于中国人食物的来源和获取的手段。中国烹饪成型后便固化了这些观念，并形成了一套理论体系。这套理论体系的核心内容还上升为治国理政的指导思想和中国哲学的基本教义。首先是阴阳五行论，在哲学的意义上，阴阳是对世界变化的一种抽象认识，水、火、木、金、土是对物质世界结构的具象认识，这些世界观的形成必然是建立在社会实践活动上，而这些社会实践活动的主要内容就是摄取食物的活动，正是通过采集、狩猎、种植、养殖、加工、烹饪，中国人认识了自然、认识了世界，这也是斯时人类认识世界的重要途径。

中国人以阴阳看待包括人在内的客观存在，世界有阴阳之分，万物有阴阳之分，人体亦有阴阳之分。故中国烹饪将所有的原料以温热寒凉为基本属性进行分类。温热者为阳，食之助阳、养阳、驱寒；寒凉者为阴，食之滋阴、养阴、去热。但要顺应四时，把握人体之阴阳变化，热则凉之、寒者温之，即调燮阴阳，求中求和，方能奏效。五行又对应五味，水咸、火苦、木酸、金辛、土甘。五味又是在阴阳之下，温热寒凉的原料之味，酸辛多属温热，苦咸大都寒凉，甘则平和。五味之用，四时有别，春多酸、夏多苦、秋多辛、冬多咸、长夏宜甘，对应人体而言则是酸入肝、苦入心、辛入肺、咸入肾、甘入脾，但须中和有度，不能偏颇，在各味原料的使用、配伍上要以"五谷为养、五果为助、五畜为益、五菜为充、气味合而服之"① 为准则。这就是中国烹饪理论的基石——五味调和论。阴阳五行、五味调和理论的核心和精华所在是中、是和、是度，是顺应四时、道法自然。伊尹依此说商汤，作为治国理政的理论，老子依此作《道德经》，奠定了中国哲学的基础。我们现在很难确定这些理论成型于何时，也无专门的著述存在。只能从记载这些学说、成书于战国时期的《周礼》《礼记》《吕氏春秋》《黄帝内经》《道德经》等典籍中判断最迟在周代这些理论便已存在。依今天的眼光来看待，阴阳五行、五味调和理论中或许有粗疏、浅薄之处，逻辑亦不够严谨。但正是这些理论自有夏以来，保障了民族的健康、存续，至今还闪耀着真理的光辉。在这些理论指导下的中医、中药、中国烹饪以其强大的生命力，继续活跃在中国，影响着世界。

三

自先秦始，中国烹饪作为文化现象，是带有统治阶层属性的，是中上层社会所拥有的，具有长期的奴隶制文明、封建文明背景，但也在文化传播和交流中，一直保留着深刻的民族性。

从历史上看，"夫礼之初，始诸饮食"②，经历夏商之后，饮食之礼在周代趋于完备。春秋战国时期，新兴阶层的强势崛起，使得礼崩乐坏，周代食礼制度及其所包含的技术、品种走出了宫廷，这是中国烹饪文化的第一次辐射和扩散，被当时疆域内的各个阶层、各种势力所追求、所效学。不论是楚王问鼎的故事，还是礼失求诸

---

① 张介宾，杨上善，王冰注．黄帝内经·素问·三家注基础分册．北京：中国中医药出版社，2013.

② 〔清〕阮元校刻．十三经注疏（清嘉庆刊本）．北京：中华书局，1980.

野的探寻，均可资证。

汉通西域，以胡冠名的食品和原料进入中国，中国烹饪的技术、品种也在这种交流中影响到域外。西晋以后，南北分治，衣冠南渡、五胡乱华，文化交流、民族融合，中国烹饪以"中"架构，兼容并蓄，覆盖南北，保证了自身的发展。隋唐两代，运河开通，国家强盛，商贾云集，四方物产、食俗汇聚神州，使中国烹饪文化以此为基础达到了一个新高度。北宋立国以后，都市商业极其发达，四海珍奇皆归市易，环区异味悉在庖厨，更因铁器和煤炭革新了炉灶，促进了高温爆、炒技术的发展与定型，使中国烹饪的技术、菜品、筵席进入成熟期，从而登上了巅峰。南宋立国，金据中原，以汴京餐饮为代表的中国烹饪文化主流南下杭州，泽被江淮、两广。南料北烹，同化南北，并变南咸北甜、中州食甘为南甜北咸并影响至今。元代，蒙古族的食俗、食品虽进入中原，却并未影响到中国烹饪的生存，只是将其诸多特色留在了中国烹饪的体系之内。明清两朝，政治中心北上，虽有番物、洋货、满族食风影响，但中国烹饪文化却在江淮保持着精华与高度，尤其是数次迁徙，客居东南沿海、广东岭南的中原氏族客家人保留传统、食俗不改，并把中国烹饪文化远播海外，验证了在文化交流中，一种文化现象距离母本越远，其保留的意愿越强烈的定理。

从技术或艺术的角度看，中国烹饪是标准的手工业劳动。新石器时代的石器打造者，点燃了烹饪文明的第一簇火苗，仰韶文化的彩陶则成就了烹饪技艺。自此，历夏、商、周三代，烹饪开中国手工技艺风气之先河。司屠宰之庖人，司制冰之凌人，司酱腌、调料之醯人，司肉酱之醢人，司酒类之酒人，司炉灶之烹人，司食盐之盐人，司干鲜果品之笾人，凡此种种，演绎出庖丁解牛、易牙辨味。于是，酒分清浊、席列八珍：三羹有和合之美，五齑则独具清鲜。烤、炸、炖、拌作炮豚、炮牂；五物入臼，捣珍出滑甘之丸；薄切酒醉，渍乃生食之珍；油网包炸，肝膋是条条如签。如此手艺，一脉相传。汉、唐庖厨，灶案分工，面活单列，蒸、煮、煎、炸，所谓咄嗟之脍、剔缕之鸡、缠花云梦之肉，生进鸭花汤饼、翠釜出紫驼之峰、素鳞行水晶之盘，乃一时佳肴，更有能将蒸饼"坼作十字"的开花馒头，一嚼"惊动十里"的寒具环饼，彰显着匠人之功。此后，北宋艺人，诸多留名，张秀号称"在京第一白厨"，梅家厨娘霜刀飞舞，脍盘如雪，是官厨一等高手。另有王家的梅花山洞包子、曹婆婆的肉饼、段家的爊物、薛家的羊饭、周家的南食和后来南迁杭州湖上的鱼羹宋五嫂，被逼北上燕京的炒栗李和儿子可谓代表。然而，更多的手工、手艺之人或南渡杭州，或被掳燕京，未能留名，只将他们的技艺留存在东、西、南、北的珍馐名馔之中。

中国烹饪之技艺几近玄妙。比如，酒的酿造是可以听的、可以看的，不须用鼻、用舌，听其声、观其花便知优劣生熟，也要用舌、用鼻，一尝、一嗅便知水出何处，这是厨人的功夫。刀锋所到，游刃有余，是心中有牛。人身为砧，切物成发，是人刀合一。在中国烹饪中，一是用火、一是用刀，都有极深的造化。庸厨用火，把握油温，拿捏老嫩，要靠肢体感觉。高手不然，全凭眼力，全靠心力，刹那之间，高下立分。用刀，则称刀功，刀功又是要修得刀感。己身为砧，轻重尚可知，他人之身为砧，也还能够传递，若在薄纸之上，若在气球之上，则就全凭落刀之感，不允稍有闪失。故，一口锅、一只勺看似简单，但火口之上，煎、炒、烹、炸，颠、翻、晃、旋，万千变化在其中。要紧之处，眼到、心到、手到，玩火候于臂掌之中，其潇洒、其精确令人叹服。一把刀、一案俎，看似平常，但刀口之下，切、片、刹、錾，直、立、坡、拉，匠心独具。刀下之物，细则如发可穿针眼，薄似蝉翼能映字画，或玲珑剔透，或似雪似沙，如锦如绣，精美绝伦。面食、面点的制作又是一种功夫，和面使揉能任甩拉，和面之筋，切条能经车辆碾轧。擀杖之下，面皮其薄似纸，却可煮可烙。刀切之下，面条细如发丝，却能煮能炸。拉面，长万米而不断；面塑，人物、花鸟不在话下。包子能灌汤而不泄，油条能落地成为碎花。这种种技艺鬼斧神工，出神入化，常常无法用语言完全表达出来。

烹饪技艺的成就与精彩是手工艺人的心血所在，可是，这种精彩与成就有时候却是在生存的压力下，与苦难和血泪相连的。历史上，"腼熊蹯不熟"曾令庖厨丧命，"炙上绕发"几乎让宰人（厨人）掉了脑袋，"馄饨不熟"让饔人（厨人）进了监狱，"选饭朝来不喜餐，御厨空费八珍盘"的事情时有发生。封建统治者的穷奢极欲让庖厨之人承受着极大的压力，一些手工技艺、名馔佳肴都是在这种压力下练就的、成就的。今日已不食熊掌（熊蹯），但今日涨发、扒制熊掌的手艺却是昔日厨人以生命的代价换来的。诸如此类的干货涨发之技，腌货烹调之技，鲜活保鲜之技，刀法精细之功是难以列举的。当然，这种把压力化为动力，又是追求精致、力臻完美成为烹饪匠人的执着所在。而烹饪技艺所具有的神韵，所传达的历史符号是任何机器所不能取代的。机器可以复制许多，可永远也不能复制艺术。艺术的个性、艺术的风格、艺术的韵味是人类不能被机器取代的重要特性。

中国烹饪作为民族的、世界的优秀文化，和中华文明有着密切的关系。首先，它定型于夏、商、周三代的奴隶制文明时期，现存的《周礼》《礼记》等典籍的记载和出土文物，已经充分说明了这一点。如周代王宫中负责饮食的官员及操作人员包括供应、管理、加工、烹饪、器具、服务、食医等计 2300 多人，占全部宫廷官员的半数以上。其次，长期的封建社会文明是中国烹饪这个文明之果赖以生存的土壤。从一定意义上讲，统治阶级无休止的追求则是中国烹饪得以更多发展的主要动力。中国是个农业大国，也是人口大国，吃饭自然成为各个阶层最为关注的话题，统治者将食物的多寡、质量、食法、食具作为地位与权力的象征而竭力神化之、铺张之，征四方之能工巧匠在庖厨，罗天下珍奇于案俎。每个时期的统治中心必然是烹饪中心，是最高水平。被统治者则将统治者的食、食制，作为一种向往、一种目标去努力争取，并尽力仿效之。再则，是以汉文明为主的各民族文化交流给中国烹饪以活力。从春秋战国的纷争，到南北朝的对立，五代十国的割据，外族的侵扰和入主中原，使代表各自地域文明的食风和食俗相互渗透、相互影响，又最终发展壮大了中国烹饪。且随着民族的步伐传播到东西南北，与当地的不同物候、条件相结合，形成了中国烹饪的诸多风格、流派与多姿多彩的局面。

所以说，中国烹饪是中华文明的重要组成部分，是中华文明的早期代表和先驱，是中华五千年传统文明的硕果之一。这就是中国烹饪与中华文明的关系。

四

中国烹饪的发展有着自己的基本规律。这个规律的形成是其发展的主要条件所作用、所决定的，但在某种情况下，次要条件会在一定的时间内上升成为主要条件，并给事物的发展以方向性的影响。中国烹饪发展的主要条件是社会生产力发展的水平程度，这是它赖以生存、发展的经济基础，但是政治制度、民族斗争等上层建筑的部分同样会在一定的环境下、一定的时间内给中国烹饪的发展带来决定性的影响。

从根本上说，是社会生产力的发展促使了中国烹饪的产生。站在物质生产这个角度来看，如果没有火的利用，没有容器的产生和相应工具的制造就不可能产生中国烹饪。但是即使具备了这些条件而没有种植业、养殖业所提供的原料，中国烹饪也难以施展。中国烹饪的任何微小的提高与进步，都离不开社会生产力的发展和它能提供的各种条件。以简单的切割为例，原料的分解、分割，不论厨师的水平如何，石刀、陶刀、青铜刀、钢铁刀都是其中的关键。再如，高温爆炒的技法之所以诞生，前提是宋代铁器的广泛使用和煤炭的利用，改革了炉灶，提高了燃烧的效能比。所以中国烹饪发展的水平、方向是取决于社会生产力发展的水平程度，这是一般规律。当然，由于物产、气候、交通条件所造成的地区之间烹饪水平的差异，实际上也是一个大国社会生产力发展水平不一致所造成的。

在生产力的发展决定中国烹饪水平这个一般规律下，政治因素也常常给中国烹饪以影响和制约。历史上的中国烹饪本质上是体现着统治阶级的文化。在统治阶级的追求下，中国烹饪常常处于一种畸形的状况中，严重地脱离社会生产力发展水平，并与人民群众的实际生活水平差距极大。历史上，不管是早期的奴隶主，还是后来的封建主都曾在饿殍遍地的情况下追求山珍海味、食前方丈，造成封建统治中心的烹饪水平与中小城市、广大乡村之间的极为悬殊的差距。此为其一。但是，在历史上的民族冲突中，文化落后的少数民族掌握了中央政权后，其一个时期的烹饪水平尽管有整个生产力发展的高度在，也会有倒退的现象。如金之代北宋，元之代南宋就使中原地区、江南地区的烹饪水平一度呈现下降的趋势。只是经过一段时间，当其本民族的食风、食俗在新的环境条件下，在汉文化的影响下调整、适应并融进了整个中国烹饪后，这种现象才得以改变。而政治中心（首都）变化以后，能工巧匠的被迫迁徙，人口的大量流动也都曾使一个地区的烹饪水平得以变化和提高。则为其二。其三是，社会生产力快速发展，但烹饪的发展却相对停滞，甚至出现某种形式的倒退。这种情况一般出现在历史上改朝换代的初期。统治者励精图治，以保社稷，不愿又不能奢华。如汉初的文景之治、唐初的贞观之治均为此例。可此种情况后又常常是变本加厉，因为整个社会的生产力水平提高，民间烹饪的基点提高，能给统治者提供更多的需要和更多的人才与技术的支持。但出于不同文明水平的统治阶层亦有相当的差异，北宋的皇室和清代的皇家就有绝对的高下之分，我们可以从宋皇的寿宴与慈禧的筵席比较中看出，同样的排场却是健康和腐朽之别。当然，任何一个朝代的统治者在走向没落之际，都是伴随着无度的奢靡与无知。

中华人民共和国成立以后，社会制度的性质发生根本改变，也促成中国烹饪的整体面貌发生变化。首先，中国烹饪从原来的主要为统治阶级和中上层社会服务，而转变成为大多数人民群众服务，这个历史性的转变就必然造成中国烹饪中某些不适应这个转变的部分随之发生变化，甚而消亡。随着社会生产力的快速发展，广大人民群众走出温饱，产生对社交餐饮和精神享受的需求后，中国烹饪就会进入一个新的发展高潮。其次，中国烹饪作为一种植根于中华民族文化的产物，随着社会经济的发展而发展，特别是改革开放以来，中国烹饪对西方餐饮兼收并蓄，取其精华，从而使中国烹饪出现大发展、大繁荣。

综上所述，中国烹饪发展的基本规律是：中国烹饪作为一种文化现象，作为中华民族的生存、生产和生活方式，是在社会生产力的作用下，由低到高、由简入繁地呈阶段性的上升趋势，它从形而下的物质、生理活动到形而上的社会、精神活动，在和社会生产力同步发展的过程中受政治因素和其他上层建筑的制约与影响呈波浪性的起伏。这个起伏有时表现为挫折，有时表现为歧途，而怎样能经受起挫折而不误入歧途，正是我们必须向历史学习的。这也正是编修《中国烹饪通史》的意义之所在。

五

历史上，受多种主客观因素与条件的影响，对中国烹饪的认识处于相当尴尬的境地。一方面是须臾不可缺，另一方面是讳言之，进膳时要九鼎八簋，落笔时不载一字。文明之初饮食为先，文化大成又弃之如敝屣。有近五千年编年史的中国，正史不载，野史不修。尤其是自宋以后，技艺、匠人的社会地位大幅下降，中国烹饪技术队伍的整体文化素质跌至谷底，厨师原本和中医师同出一枝，却沦为两个社会阶层。烹饪理论的教学缺失，技艺的传承、品种、筵席的延续通常靠的是以师带徒、口传心授。虽有苏轼、袁枚等美食家一类的文人在，但少有系统、准确的理论建树、历史记载。存世所云，或语焉不详，或支离破碎，或一家之言，甚至是主观臆断、立场偏颇。即便如此，也仅见于某些类书集成和笔记小说，相对于博大浩瀚、万年之久的中国烹饪而言不过是雪泥鸿爪、凤毛麟角，给我们客观、全面、准确地认识中国烹饪及其历史带来了极大的困难。

然而，若不了解中国烹饪的过去，便不能认清中国烹饪的现实，更不能预见中国烹饪的未来。中国烹饪的基础理论，原料、技法、品种，筵席的产生、衍生、演变、兴衰都有着历史和现实的主客观条件，也有其政治、经济、文化背景，这些条件和背景还决定着、影响着它们未来的生存与延续。于是，用马克思主义、毛泽东思想的观点和历史唯物主义、辩证唯物主义的立场，依据历史学、考古学的已有成果，爬梳撷拾烹饪的历史文献记载，探究中国烹饪的基础理论，研究传世的烹饪文物、历史文化遗址，研究正在发生的烹饪实践，从而厘清中国烹饪的发展脉络和基本规律。这不仅是中国烹饪存续、发展的需要，是继承优秀的中国传统文化、捍卫民族文化安全的需要，是实现百年强盛中国梦、让中华民族崛起、复兴的需要；是历史和现实的需要，也是我们需要承担的历史和现实的责任。

我们处在一个全新的时代，中国的日益强盛和崛起，世界格局的多极变化，和平发展、全球化趋势成为主流，科技的进步使文化交流呈现出新局面，这些都成为中国烹饪面临的前所未有的机遇和挑战。在机遇和挑战面前，首先需要的是文化自信。历史和现实均已证明，中国烹饪是中华文明、民族文化的结晶，在经历了上万年的孕育、产生、发展的过程后已经成为一个完整的体系，成为具有鲜明中华色彩的文化现象，它不仅在中国有着重要的地位，在整个人类的文明、文化史上亦是璀璨的一页。自汉、唐之际就开始的中外文化交流早已将它的影响远播世界，随着中国的国力日益增强，国际地位的大幅提高，中国烹饪作为一门吃的文化、吃的艺术已风靡全球。我们没有用筷子征服世界的狂想，但中国烹饪之菜品、筵席和它所遵循、所代表的膳食结构能够保障人类的健康生存是不争的事实，而且越来越显示出它的正确、合理、优秀。不同国家的人也正是通过认识中国烹饪，改变、加深了对中国文化的认知和对中国悠久的历史文明的认同。毫无疑问，中国烹饪已成为整个人类所共有的文化遗产和财富。中国烹饪理论与实践所表现出的、所强调的人类对自然环境的亲和与广泛利用，艺术化、文明化了人和自然的物质交换，将人类的饮食活动异化成为社交、精神、文化活动，都会成为人类的共识并践行，这就决定了中国烹饪的发展趋势。

中国烹饪的发展在历史上也多次被扭曲。落后的腐朽的世界观，奴隶制文明、封建制文明的糟粕都曾经加大、助长了它的无知与奢靡。兴之时如此，败之时尤甚。今日的中国在摈弃了落后文化、外来文化糟粕的影响后，政治、经济、社会都处在一个健康、稳定的发展期。种植业、养殖业、加工业、旅游业、科技产业长足进步，处在历史上的最高水平。社会政局安定，人民群众的生活水平日益提高，城镇化进程加快，中等收入阶层扩大、贫困人口减少，社交活动、商务活动急剧增加，信息技术突飞猛进、交通运输高度发达，商品流通一日千里，使果腹的需求、社交的需求、商务的需求、精神享受的需求都呈现出强势的增长，为餐饮经济的发展提供了稳固的基础和强有力的支持。在此背景下，中国烹饪要坚持文化自信，激浊扬清，以健康的理念、既有的原则去引领消费、服务消费。但适应需求不是顺应不良，中国烹饪的现实积累完全能够满足多样化世界的广泛需要。所谓的调整和创新都必须和历史上正确的方向、道路接轨，继承和创新是事物发展的必然路径，不是无源之水、无本之木，而坚持这种路径就能使中国烹饪融入新的原料、新的工具、新的炉灶、新的习俗、新的文化现象而走上新的阶段，实现新的繁荣。

从来机遇都是和挑战伴生，全球化的趋势使疆域和民族的差异不再成为壁垒。西方的餐饮文明和食品工业在挑战着作为手工业工艺劳动的中国烹饪。多年前便有人断言：今日的世界和科学技术的发展，会使中国烹饪完全走上工业化、快餐化的道路，现代社会的生活节奏使人无暇滞留在餐桌前，中国烹饪的很多东西将被送进历史的博物馆。然而，这些判断已经并终将被中国餐饮经济的发展和中国烹饪的繁荣所完全否定。事实和根据有三：一是，现代社会虽高度发展并被不同的文明所主导，但终究没有改变现实的社会是等级社会的基本面，不同的阶层在不同的时间、不同的需要下有着摄取食物的不同状态，果腹、社交、商务、精神层面的饮食需求不是快餐和食品工业能逐一满足的；二是，对中国烹饪是中华民族的生存、生产、生活方式缺乏认识，对中国烹饪是艺术、是文化、是科学没有认识，反而将西方的餐饮文明视作圭臬，完全丧失了对民族烹饪文明的自信；三是，对中国经济高速发展、人民生活水平快速提高缺乏估计，对经济发达后会增强对自身文化的回归与追求缺乏估计和前瞻。

中国的现实证明，有过扭曲、走过弯路的中国烹饪没有被来自任何方向的挑战和冲击摧毁，以中式餐饮品种为经营内容的简快餐行业，凭借门店、早夜市摊点、商场和景区的排挡及送餐企业基本保证了各个阶层的工间、居家、外出、旅游的各种果腹需要。商务活动、社会交往、小酌小聚、婚宴、寿宴、节日庆典还是以中式餐馆和中式筵席为主体来完成的。经历了调整的高端餐饮仍旧服务着高收入阶层的享受需要。中国的餐饮市场没有排斥任何西式餐饮、西餐企业，但西方的餐饮文化至今也没有成为中国人消费的主要方向。中国的食品工业为市场提供了众多的各类工业化、标准化的食品，但终究还是处于拾遗补缺的状况，某些产品如传统的方便面等更是被咄嗟可达的快递送餐抢占了大量的市场份额，并且会日益缩减。这些都说明，食品工业的高速发展，影响不了更取代不了各个社会阶层对中国烹饪所包含的菜品、筵席不断膨胀的需求。这和整个社会层面越是趋向标准化、统一化，人的个性需求就越来越强烈的趋向是一致的。人们在食用了大量的工业化方便食品后，对在餐桌前品尝风味各异的菜品就更加渴望。尤其是在温饱问题得以解决后，在经济的高质量发展使更多人能够支配自身的时间和选择时，走进餐馆，欣赏中国烹饪的艺术成果，一饮一酌，放松自己的身心，可能是许多人之所好。这将给餐饮业的经营以极大促进，也会使更多优秀的传统产品、传统技艺得到发掘、继承、改良和创新。

可以断言，中国经济的增长、中国政治的清明、中国社会的稳定，会使中国烹饪文化传统的继承与发扬，呈现不可逆转的趋势。在经历了拨乱反正的过程后，在可以预见的将来，中国烹饪会以新的面貌登上更大的舞台、扩展更大的空间。它将携带着中华民族文化的信息，以自己独有的魅力、张力和包容，影响着、感染着整个世界，以自己的方式弘扬中国优秀传统文化，为祖国的发展和强盛作出贡献。

愿这本《中国烹饪通史》能向历史和前人做个交待，也为现实提供一个镜鉴；能为我们窥见中国烹饪的未来，也为中国烹饪新的繁荣发展尽点滴之力。如此，则不负所有为此书面世付出和奉献的前辈与同仁们！

张海林

2017 年 8 月于郑州

目　录

第一章 史 前

（约 1 万年前—公元前 2070 年）

第一节　中国烹饪文明的起源说

中国烹饪是中华民族文化的主要组成部分，是人类文明的重要遗产。

以时空局限下的人类认知水平、现有的考古资料和历史文献的记载来判断，中国烹饪起源于旧石器时代的晚期。在一个相当长的历史时期内，人类社会经济的发展，积累并创造了最终形成烹饪的各种条件。

一、火的掌握和使用

古时，火曾是人类的一大敌人。当原始人像其他动物一样或葬身于森林大火之中或侥幸得以逃脱时，是不会想到火对人类有任何作用的。但大火过后所造成的食物短缺，则又可能是人类认识火的起因，因为饥饿逼着人类去尝试那些葬身于大火之中的动物或同类的尸体。第一个尝试这种食物的人是人类进化史上的功臣。由于这个尝试，人类得以发现新的食物来源，从而产生熟食的概念。熟食有利于人类吸取营养，增强体质。熟食有较好的味道和容易咀嚼，于是人们尝试保留火种，以便能继续得到经过烧烤的食物。此后，人们在生产活动中，在偶然的因素下掌握了历史上传说的燧石取火（撞击起火）和钻木取火（磨擦起火），便得以从被动地保留和利用火，进而转变为主动地掌握和使用火。火的发现和使用，"第一次使人支配了一种自然力，从而最终把人同动

3

物分开"（恩格斯《反杜林论》）[①]。它加强了人类的生存能力，成为人类与自然界斗争的一个强有力的手段。考古资料表明，距今 250 万年前的我国云南元谋人遗址，就留有控制自然火的印记。但掌握引火方法、主动用火的年代，则相对靠后。传说是从燧人氏钻木取火的时代开始的。

火的掌握和使用，为中国烹饪的产生奠定了基础。人们不再仅仅依靠大自然所提供的原始食物，而是开始按照自己的意志去改变食物、创造食物，使其更符合自己的需要。火上燔肉、石上燔谷，也就成为最早的熟食加工方法。

二、工具的产生

"人猿相揖别，只几个石头磨过"，工具的发展也是重要的因素。早期人类以木棒、石块（经破碎成形的不规则的利器）为生产工具，史称此时期为旧石器时代。到了氏族公社时期，人们的工具有了较大幅度的改革，从不规则的石块，变为经磨制加工成规则的石器，史称新石器时代。这个时代有了相当锋利的石刀及陶刀出现，这就使人们能有效地按照自己的意愿及需要，对食物进行分割，从而达到利于烹饪、利于食用的目的。因此，工具的发展、磨制石器的应用，同样是中国烹饪产生的条件之一。

图 1-1　旧石器时代的石核

图 1-2　新石器时代的刮削器

---

① 〔德〕弗里德里希·恩格斯. 中共中央马克思恩格斯列宁斯大林著作编译局. 反杜林论. 北京：人民出版社，2015.

图 1-3　新石器时代的石斧

图 1-4　新石器时代的石铲

图 1-5　新石器时代的石镰

图 1-6　新石器时代的石刀

三、容器的产生与水的利用

　　水是人体不可缺少的物质，是人类生存的基础。早期人类常俯身于坑塘、河流之边，以手捧水而饮之，或以植物之硬壳、动物之骨壳舀而饮之，皆污尊抔饮而已。在这种情况下，对人类来讲，水和火是毫不相干的。但没有这两者的结合，也就没有烹饪。火的作用得不到充分发挥，水对食物的分解作用也得不到体现。食物虽已有火的烧烤，但仍停留在

图 1-7　新石器时代仰韶文化的陶片

初级水平上。而要实现水与火在烹饪中的结合，就必须有容器的存在。

容器的最早发现，应该归功于火的利用。因为长期在一个地方烧烤，会造成土壤的塑化、硬化。人类在长期的用火实践中，会发现火堆下面的坑凹处，形成存水不漏的情况。或在某一偶然的情况下，被火烧灼的石块滚入水中而造成水的沸腾，假如在这水中有河水浸入带进的鱼类，或是雨水淹没冲进去的其他动物，那么水的沸腾便使食用这些食物的人，又发现一种新的味道。从此人类便发现了一种新的熟食方法，它比烧烤食物更易咀嚼。水或土壤中给予食物的盐分，使经过水的食物比烧烤的食物味道更好。综合这些偶然的发现，或人为的因素，就给容器的发明提供了前提。人们开始只懂得利用现成的不渗水的坑凹盛水，然后投入烧热的石块以煮沸食物，即所谓石烹法。又经过漫长岁月的实践，终于从掘地为臼，以火坚之，进而发展到团泥、盘条，或在木编器上涂泥、筑器，以火坚之，这便出现了最早的人工容器——陶器。

根据现有的考古资料判断，距今1万年左右的新石器时期，便有了简单的陶器。陶器发明的前提是食物来源的相对稳定和部落群体的阶段性的定居生活，致使先人能够由被动用火转向主动用火，而在以火熟食的过程中得以实现。这个成果，有其偶然性，是指火塘、火坑、火堆及熟制食物的有些过程与

图 1-8　新石器时代龙山文化的灰陶双耳罐

意外给先人们的某种启示，但亦有必然性，是指陶器必然会成为长期用火的副产品。而陶器作为炊具、食器、饮器、盛装容器使用以后，煮、蒸、酿、烙等熟食手段得以出现，熟食的种类得以扩大，饮品、调味品等也应运而生。上述种种，才使中国烹饪得以成形。

图 1-9　新石器时代龙山文化苗店遗址出土的陶甑

四、中国烹饪产生与形成的社会基础

首先，社会生产力的发展是烹饪文明产生的基础。

烹饪作为一种文明，是以社会生产力的发展为基础的。火的利用，工具的改善，使人类不再依赖于原始的狩猎与采集，出现了种植业和养殖业。食物已开始变得较为宽裕和稳定。在这个前提下，人们才有可能不再像过去那样饥不择食，才有可能去考虑如何吃和如何吃得好，才有可能去研究多种的烹饪方法，这就给烹饪的形成提供了基础。没有社会生产力发展给人类提供丰富的食物来源这个基础，尽管有烹饪产生的条件，烹饪的形成和发展也是不可能的。

其次，氏族公社的解体促进了烹饪文明的发展。

氏族公社阶段，是历史上的原始共产主义阶段。人和人之间处于平等的地位，《吕氏春秋·恃君览》载："昔太古尝无君矣，其民聚生群处，知母不知父，无亲戚兄弟夫妻男女之别，无上下长幼之道，无进退揖让之礼"①。氏族公社的首领不是君主，不是统治者，没有特殊的地位。因而，在食物的质量与分配上也就不会有任何特殊。但当母系社会由于男人从收获不稳定的狩猎、捕鱼而转向种植业、养殖业后，以及他们在氏族公社之间军事斗争中的地位，而转化为父系社会。在这个转化中，氏族公社的首领逐渐成为生产资料、生活资料的分配者和拥有者。生产的发展使食物的种类和数量不断增加，这个增加又使那些首领得以脱离生产而成为指挥者、治理者，使他们能够把自己的精力转向人类生活的其他方面。"衣食足而知礼仪"，一夫一妻制、多妻制的家庭形成，私有制乃随之出现。这些变化导致食物等生活资料的分配也发生了变化。

拥有食物分配权的首领，便能够去要求食物数量的增加和质量的提高，并有能力使一些人退出其他生产岗位，专司食物烹饪，且使其不断提高烹饪水平，产生出新的社会、劳动分工。从此，食物烹饪就不仅仅是人的生存手段，而成为一部分人，一部分统治者所拥有并不断追求的东西，烹饪及产品的数量和质量，是氏族公社首领地位的表现，原为炊器之鼎也成了权力的象征。这就促使个体的抑或群体的生理活动成为群体的社会生活程式，且作为一种文明而继承、沿袭下来，并进一步成为等级社会的标志与表象，烹饪也成为一种文化和文明进步的象征。所以，中国烹饪作为社会文明一出现，便带上了阶级的属性，它为劳动者所创造，却是为统治者所拥有、所享用。《礼记·礼运》载："夫礼之初始诸饮食"②，而中国烹饪这个总体概念所包含的器具、工艺、食物、食法就是饮食之礼的基础。

---

① 陆玖译注. 吕氏春秋. 北京：中华书局，2011.
② 王文锦译解. 礼记译解（上）. 北京：中华书局，2001.

第二节　中国烹饪文明的萌芽

中国旧石器时代的晚期和新石器时代的肇始距今约 1 万余年，自这时起至夏代，中国烹饪史上出现了最为漫长的陶烹时代。陶烹时代又可分为旧石器时代晚期、新石器时代早期、新石器时代中晚期与夏代早中期三个部分。由不同的陶器质量、形制、用法为特点而构成早、中、晚期陶烹阶段。目前已经探明的兴隆洼文化、彭头山文化、裴李岗文化、贾湖文化、后李文化、磁山文化、老官台文化、大地湾文化、跨湖桥文化、河姆渡文化、红山文化、大汶口文化、仰韶文化、马家窑文化、良渚文化、龙山文化等跨度为 7000~8000 年的新石器时代早、中、晚期文化遗址和遗存表明，如今的黄河流域、淮河流域、长江流域、珠江流域、黑龙江流域都有陶器存在和使用的各个阶段，也都可以被认为是中国烹饪文明的萌芽。

一、新石器时代早期

兴隆洼文化遗址　因首次发现于内蒙古自治区敖汉旗兴隆洼村而得名，距今约 8000 年。兴隆洼遗址是内蒙古及东北地区时代较早、保存最好的新石器时代聚落遗址。所出土的陶器均为夹砂陶，深筒直腹罐和钵为其典型器物。

图 1-10　兴隆洼文化遗址

长江流域的湖南澧县彭头山文化遗址 距今 9000～8300 年，这里出土的陶器比较原始，器坯系用泥片粘贴而成，胎厚而不匀。大部分陶器的胎泥中夹有炭屑，一般呈红褐色或灰褐色。器类不多，主要是深腹罐与钵。

图 1-11 澧县彭头山文化遗址

裴李岗文化遗址 目前中原地区发现最早的新石器时代文化，由于最早在河南新郑的裴李岗村发掘并认定而得名。距今 7000～8000 年。其出土的陶器以细泥红陶和夹砂粗红陶为主，均为手制，烧成温度较低，三足钵和半月形双耳壶是典型器型。

图 1-12 裴李岗文化的乳钉纹红陶鼎

（中国最古老的鼎 出土于河南新郑裴李岗）

贾湖文化遗址 属于裴李岗文化的一个分支，也是裴李岗文化的主要源头，年代范围为距今 7000～5800 年。出土的陶制品以红陶为主，有泥质、夹砂、加炭、夹蚌、夹云母陶等。炊器有釜、鼎、甑，食器有钵、三足钵、碗，盛器有缸、双耳壶、罐、盆等。

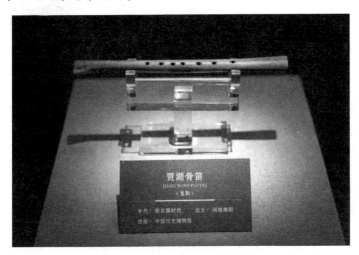

图 1-13　贾湖文化遗址出土的骨笛

后李文化遗址 因首次发掘于山东省淄博市临淄区后李文化遗址而得名。其年代距今 8500～7500 年。出土的陶器以红褐陶为主，红、灰褐、黑褐、青灰褐陶次之。制作工艺为泥条盘筑，器表多素面，器形以圜底器为主，仅发现少量平底器和圈足器。器类主要有釜、罐、壶、盂、盆、钵、碗、杯、盘等。

图 1-14　后李文化遗址

磁山文化遗址 因首先在河北省邯郸市磁山发现而得名。位于河北省南部武安市磁山村东约 1 公里处的南洺河北岸台地上，距今约 7300 年。磁山所出土的陶器以夹砂红陶为主，火候较低，质地粗糙，器表多素面。陶器多采用泥条盘筑法，器形不规整。陶器表面纹饰有绳纹、编织纹、篦纹、乳钉纹等。器形有椭圆形陶壶、靴形支架、盂、钵等。

图 1-15　磁山文化遗址

老官台文化遗址 因首先在陕西省华县老官台遗址发现而得名。后来发掘了规模较大、同类遗存内涵丰富的甘肃秦安大地湾遗址，一般改称老官台文化为大地湾文化。其年代距今 8000~7000 年，制陶业较原始，采用泥片敷贴法。出土的陶器中以圈足碗、彩陶钵与筒腹三足罐最具特点。

跨湖桥文化遗址 位于浙江省杭州市萧山区城厢镇湘湖村湘湖旅游开发区内，跨湖桥遗址是由古湘湖的上、下湘湖泉之间有一座跨湖桥而命名。距今 8000~7000 年。遗址出土的陶器以夹砂陶、夹炭陶为主，还有少量夹蚌陶。制作工艺以泥条盘筑为主，辅以分段拼筑、贴筑。出现慢轮修整技术。出土的陶器以釜、罐、钵、盘、豆为主。纹饰有条带纹、波折纹、环带纹、垂挂纹、太阳纹、火焰纹、十字或交叉纹等，使用印、戳、刻、镂、贴等装饰手法。菱格、方格的拍印纹在新石器时代遗址中极为罕见。

综上可以得知，在新石器时代的早期，中国范围内

图 1-16　跨湖桥文化遗址出土的陶釜

的北部、西部、东部、南部、中部地区存在着大体处于同一阶段的陶器文明。这充分说明，如果仅就工艺和技术层面上而言，中国烹饪的起源是多元的，是这个时期先民共同创造的结果。但从新石器时代的早期到中晚期的 5000～6000 年间，上述的各地域文化也因气候、地理、物产、迁徙和社会形态的变化及生产力水平的发展程度，受多种客观和主观条件的制约，而出现延续及存亡的不同结果。于是以裴李岗文化、贾湖文化、磁山文化、跨湖桥文化为代表的新石器时代早期的烹饪文化，也就被此后的河姆渡文化、红山文化、大汶口文化、仰韶文化、马家窑文化、良渚文化、龙山文化所取代。

二、新石器时代中晚期

河姆渡文化遗址 主要分布在杭州湾南岸的宁绍平原及舟山岛，年代为公元前 5000～3300 年，是新石器时代母系氏族公社时期的氏族村落遗址。河姆渡文化出土的陶器，以夹炭黑陶为主，少量夹砂、泥质灰陶，均为手制，烧成温度在 800℃～930℃。其器型有釜、罐、杯、盘、钵、盆、缸、盂、灶、支座等。器表常有绳纹、刻划纹。有一些彩绘陶，还绘有咖啡色、黑褐色的变体植物纹。

图 1-17 河姆渡文化遗址

红山文化遗址 发源于东北地区西部，最早发掘于赤峰东郊红山遗址而得名。主要分布在东北西部和今河北北部、内蒙古东南部，其年代为公元前4000～前3000年。出土的陶器种类有罐、盆、瓮、无底筒形器等。其

图1-18 红山文化遗址

中的泥质红陶和夹砂褐陶的盆、钵、罐、瓮等各有独特的装饰纹样，最具特征的纹饰是横"之"字形纹和直线纹。彩陶多为泥质，以红陶黑彩为最多，花纹十分丰富，造型生动朴实。彩陶大多饰涡纹、三角纹、鳞形纹和平行线纹。并出土发现有结构进步的双火膛连室陶窑。

大汶口文化遗址 因山东省泰安市大汶口遗址而得名。分布地区东至黄海之滨，西至鲁西平原东部，北达渤海南岸，南到江苏淮北一带，距今6500～4500年，延续时间约2000年。所出土大汶口文化早期阶段的陶器以夹砂红陶和泥

图1-19 大汶口文化遗址

质红陶为主，灰陶和黑陶的数量较少。陶器的制作以手制为主，轮修技术已普遍使用。纹饰有弦纹、划纹、乳丁纹、绳索纹、附加堆纹、锥刺纹以及指甲纹等。彩陶数量多，且花纹繁缛，其中的圆点、弧线以及勾叶纹与仰韶文化庙地沟文化出土的陶器类型相似，可能受到了仰韶文化的影响。中期阶段的陶器以夹砂红陶的数量最多，其次为泥质黑陶和灰陶，还出现了一些火候较高、质地较为细密的灰白陶。一些小型的器物已经开始轮制。亦有少量的彩陶。晚期阶

段的制陶业已经有了较大的发展，轮制技术已用来生产大件陶器。烧窑技术有了改进，能烧制出薄胎磨光黑陶、白陶、黄陶和粉色陶器，胎厚仅 1~2 毫米。

图 1-20　大汶口文化的镂空陶豆

(河南郸城县出土)

仰韶文化遗址　黄河中游地区新石器时代的代表性彩陶文化，因 1921 年首次在河南省三门峡市渑池县仰韶村发现而命名。其持续时间在公元前 5000~前 3000 年，分布在从今天的甘肃省到河南省黄河中游之间。仰韶文化制陶业发达，较好地掌握了从陶土选用、工艺造型到装饰美化等工序。大都采用泥条盘筑法成型，用慢轮修整口沿，在器表装饰各种精美的纹饰。出土的陶器种类有钵、盆、碗、细颈壶、小口尖底瓶、罐与粗陶瓮等。仰韶彩陶器造型优美，表面用红彩或黑彩画出绚丽多彩的几何形图案和动物形花纹，其中的人面形

纹、鱼纹、鹿纹、蛙纹与鸟纹等形象可谓逼真生动。许多彩陶器当属艺术珍
品，如水鸟啄鱼纹船形壶、人面纹彩陶盆、鱼蛙纹彩陶盆、鹳衔鱼纹彩陶缸
等。在陕西半坡等地出土的彩陶钵口沿黑宽带纹上，还发现有 50 多种刻划符
号，应该具有原始文字的性质。

图 1-21　仰韶文化的彩陶盆

图 1-22　仰韶文化的石铲

马家窑文化遗址 1923 年首先发现于甘肃省临洮县的马家窑村，故名。马家窑文化是仰韶文化向西发展的一种地方类型，从公元前 4000 年左右开始，历经了三千多年的发展。马家窑文化制陶业非常发达。其出土的彩陶继承了仰韶文化庙底沟类型的风格，但表现更为精细，出土的陶器基本以泥条盘

图 1-23 马家窑文化遗址

筑法成型，陶质呈橙黄色，器表打磨得非常细腻。大多用单一的黑彩描绘，最具代表性的纹饰是人物舞蹈纹和蛙纹、鱼纹、蝌蚪纹、鸟纹等动物形纹；出土的器物种类有碗、盆、钵、瓶、壶、罐、瓮等。

良渚文化遗址 位于浙江省杭州市余杭区良渚镇，年代为公元前 3300～前 2000 年。良渚出土的陶器，以泥质灰胎磨光黑皮陶最具特色，采用轮制，器形规则，早期阶段以灰陶为主，也有少量的黑皮陶，器形有鱼鳍形足的鼎、袋足鬲、镂孔豆、贯耳壶、球腹

图 1-24 良渚文化遗址

罐、附耳杯、大口圜底缸等。晚期阶段以泥质黑皮陶较为常见，并有薄胎黑陶，器形有断面呈丁字形足的鼎、竹节形把的豆、贯耳壶、贯耳罐、侈口圆腹罐、簋、大圈足盘、宽把带流杯等。

龙山文化遗址 泛指中国黄河中、下游地区约新石器时代晚期的一类文化遗存。因首次发现于山东历城龙山镇（今属章丘）而得名，年代为公元前 2500～前 2000 年。分布于现河南、山东、山西、陕西等省。龙山文化的陶器在中原地区早期阶段以灰色为主，大多为手制，口沿部分一般经过慢轮修

图 1-25 龙山文化遗址

整，部分器物如罐类还采用器身、器底分别制成后再接合的"接底法"成型新工艺。其中杯、敞口盆、折沿盆、敛口罐、尖底瓶等器形还保留、继承了仰韶文化的某些因素。晚期阶段以灰陶器为主，有一定比例的红陶、黑陶。灰陶和红陶的烧成温度均达 1000℃。虽然以手制为主，但轮制技术得到了发展，已有采用模制成型的陶器。主要器形有杯、盘、碗、盆、罐、鼎、甑、鬲等。

山东龙山文化的陶器普遍使用轮制技术。因而器型相当规整，器壁厚薄十分均匀，产量和质量都有很大提高。以黑陶为主，灰陶不多，中、东部地区的陶器，无论是从制作工艺的角度和器皿的种类上看，都已经达到了一个时代的高峰。制陶业的这种高度发展，是整个社会生产力发展的一个缩影。《太平御览》载，"周书曰：神农耕而作陶"[1]，而制陶、用陶和农业、畜牧业的发展有着直接的关系，自然也为烹饪准备并提供了相应的条件。而烹饪的需要和中国烹饪体系的不断完备，又进一步给制陶业提供了动力。二者的相互作用形成了一个共同进步的结果。

图 1-26 龙山文化苗店遗址出土的陶碗

---

① 〔宋〕《太平御览》第 4 册. 卷 833. 李昉. 神农耕而作陶. 北京：中华书局，1960.

图 1-27　龙山文化苗店遗址出土的陶钵

图 1-28　龙山文化的磨光黑陶觚形器

　　以陶器的发明与使用来探索、研判中国烹饪的起源，是将陶器作为解读万年之久的这段史前文明的一把钥匙。中国疆域内的先人曾历经数百万年的茹毛饮血和近二百万年的火上燔肉、石上燔谷，元谋人、北京人、丁村人、河套人、山顶洞人为后来新石器时代的裴李岗人、贾湖人、磁山人、跨湖桥人、仰

19

韶人、良渚人、龙山人及其他已知和未知的中国人开创了未来。在基本接近的一个时间段内，抟泥作陶、烹煮熟食所开始的中国烹饪，为中国社会、中国人在东、西、南、北、中的广阔的疆域内开拓了一个全新的、同一的生存方式，同步实现了从野蛮到文明的过渡。也就是说，这些不同的区域都是中国烹饪的发源地之一。但思考中国烹饪为何最终选择在以黄河流域为中心的区域内形成最初的体系和此后发展的主干，历史的走向和文明的进步是如何在客观规律导向下完成自由与必然的辩证统一的，那就必须把中国烹饪置于斯时、斯地的自然、人文、社会背景下进行探究。

第三节 黄河中下游流域部落社会的雏形

新石器时代的中晚期是母系氏族公社的繁荣期，各个部落群体已经显现部落社会的雏形。虽然同处于仰韶文化、龙山文化的阶段，但我们没有证据去研判各个部落之间的关系，也难以确定各个部落文明兴盛和湮灭的过程，亦无法确认新石器时代早期的孤立于众多地区的诸多文明和仰韶文化、龙山文化之间的传承方式，而黄河中下游流域大量的文化遗址，却都明确地向我们展示着基本相同的社会结构。虽然长江下游地区的河姆渡文化、良渚文化，东北地区的红山文化，东部沿海地区的大汶口文化也呈现着相似的面貌，可由于夏代社会的建立是以这个地区为中心，直接承袭着黄河流域的文明成果，这就使得西安半坡遗址、临潼姜寨遗址、陕县庙底沟遗址、洛阳王湾遗址、郑州大河村遗址成为当时社会状况的重要标本。

这个时期的父系氏族社会是向阶级社会过渡的新的社会组织形式。斯时，男子已经取代妇女成为种植业、养殖业的主要力量，是生产工具和物质财富的创造者。各个部落社会以男子为中心分成若干个大家庭，大家庭内部又分为若干个一夫一妻的小家庭。男性氏族首领已经成为部落的领导核心，并占有高于其他社会成员的地位和财富。这些论断是能被上述各个文化遗址所佐证的。

西安半坡遗址 位于陕西省西安市东郊灞桥区浐河东岸的二级阶地上。已发掘出 46 座房屋、200 多个窖穴、6 座陶窑遗址、250 座墓葬，出土生产工具和生活用品约 1 万件，还有粟、菜籽遗存。半坡聚落的范围为不规则圆形，大致分为 3 个区，即居住区、墓葬区和制陶作坊区。居住区在聚落的中心，周围有一条人工挖掘的宽 6~8 米、深 5~6 米的大壕沟围绕，中间又有一条宽 2 米、深 1.5 米的小沟将居住区分为两片，形成既有联系，又相区分的两组布局。大壕沟外北边是公共墓地，东边是制陶作坊窑址群。半坡类型的房子有圆形、方形和长方形，有的是半地穴式建筑，有的是地面建筑。圆形房子直径一般在 4~6 米，方形或长方形房子面积小的 12~20 平方米，中型的 30~40 平方米。墙壁是用密集的小柱上编篱笆并涂以草拌泥做成。整个房子用 12 根木桩支撑，木柱排列 3 行，每行 4 根，形成规整的柱网。其建筑门前有雨棚，是前堂后屋的雏形，隔墙左右形成两个"次间"，可谓"一明两暗"。部落中心是一座约 160 平方米的大房子，进门后，前面是活动空间，后面则分为 3 个小间。前面的空间应是供氏族成员聚会、议事的场所；后面 3 个小间，当是氏族首领的住所。储藏东西的窖穴分布于各房子之间，形状多为口小底大圆袋状。家畜饲养圈栏均为长方形。房子中心有圆形或瓢形灶坑，在灶坑附近或里面，往往有大量完整的陶器，多为炊煮用的粗陶罐或饮食用的细陶钵。

半坡的陶窑可分为竖穴式和横穴式，窑室较小，直径只有 1 米左右。半坡的墓葬分为两种：一种是成人墓，另一种是儿童墓。成人墓多位于大围沟外北部的氏族公共墓地中，一小部分在沟外的东南部和西南部；儿童则埋在居住区房屋近旁，多是瓮棺葬。

图 1-29 西安半坡遗址

临潼姜寨遗址 位于陕西省西安市临潼区临河东岸的第二台地上，面积约

5万平方米，发掘面积10000平方米。通过对遗址、实物的技术鉴定，说明居住在这里的原始先民相对稳定、年代久远，至少延续了两个阶段，即仰韶文化时期和龙山文化时期。这两个时期从时间上推算，至少有3000年的历史。整个遗址分广场中心、居住区、制陶、饲养、墓葬五个部分。居住区略呈圆形，布局较整齐，总面积约2万平方米。整个遗址布局严谨、有条不紊。西以临河为屏障，东、南、北三面为人工挖修的防护沟，东边围沟与公墓地分开。居住区的中心是4000多平方米的中心广场。所有房屋都围绕广场形成一个圆圈，门户也向中央开。房屋按大小可分为小型、中型、大型三种，按位置可分为地面建筑、半地穴和地穴式三种。100多座房屋，分为5个群体，每个群体都有一个较大的房子。可能居住着由若干氏族组成的一个胞族或一个较小的部落。房基平面多呈方形或圆形，分大、中、小型三种。有地穴、半地穴及地面建筑三类。大型房址都是方形，其中半地穴式及地面建筑各2座，面积均达80平方米左右，一般都有门道，门内设一个大型深穴连通灶坑。灶坑两侧至墙边还筑有低平的方形土台。中、小型房子面积一般为20平方米左右。有少数居住面用草泥涂抹并经火烧。有的房子还施以白灰。房屋中央都有一个灶面或浅穴灶坑。半地穴式者下部以穴壁为墙，穴壁四周还有若干小柱洞，地面起筑的多以木骨涂草泥为墙。

同时还发掘出仰韶文化时期的窖穴486个，墓葬680座，其中土墓葬372座，瓮棺葬308座。除此之外，还有道路2条，柱洞2000多个，畜牧夜宿场2处等保存完好。出土生产工具和生活用具有1万多件，其中的陶埙十分珍贵。在发掘过程中，也意外地发现了黄铜片类金属物。

陕县庙底沟遗址 位于三门峡市区西南的原陕州老城南关附近，黄河支流青龙涧南岸较为平坦的塬上，东、西两侧各被一条南北向的深沟切断，遗址东临北龙沟，沟底有一条小溪自南向北缓缓流入青龙涧。在24万平方米的范

图1-30 陕县庙底沟遗址

围内，该遗址进行了两次大规模发掘。首次发掘共发现房屋 3 座、灰坑 194 个、窑址 11 座、墓葬 156 座，出土文物极其丰富。经过 690 多件陶器进行碳化测定，确立了年代为公元前 4000～前 3500 年的仰韶文化庙底沟类型文化，还发现了年代为公元前 2900～前 2800 年属于中原龙山文化早期的庙底沟二期文化。仰韶文化和龙山文化之间的衔接问题，在庙底沟遗址上得到了初步揭示和佐证。

二次发掘的主要有房基、灰坑、陶窑等。清理出来的房基为圆形地穴式结构，门道朝东，竖穴四周有整齐的柱洞，底部偏东设有灶膛。从房基中部的柱洞来判断，房屋应为尖椎顶状，屋内还发现有火塘。有的房子柱洞底还垫有砾石柱础，建造技术比半坡类型有所进步。二次发掘的陶窑也有了更重大的发现：陶窑相对集中，极有可能是当时烧制陶器的作业区。这些陶窑结构均保存较为完整，由窑室、火膛及火道等组成。窑室呈圆形，直径约 1 米。火膛在南边，分两股火道，向上通入窑室底部。还有，此次发掘的灰坑众多，其中以圆形和椭圆形为主，部分袋状窑穴极为规整，出土物也较为丰富。经初步复原，一些彩陶曲腹盆、曲腹钵、双唇口尖底瓶等器具都重现人间。由条纹、圆点纹、三角纹等组成的彩绘图案纷繁复杂、精美无比。灰坑内精美的骨器、石器等数量众多，出土的工具以打制砍砸器、刮削器、石刀、石铲为代表。

洛阳王湾遗址 位于洛阳市西郊王湾村北涧河南岸的台地上，面积约 8000 平方米。遗址划分为三个阶段，一期属仰韶文化，三期属河南龙山文化，而二期文化介于两者之间。一期发现居住房基 7 座，可分大、中、小三种，全为地上建筑，且均被后期墓葬

图 1-31 洛阳王湾遗址

或灰坑破坏。居住面的结构可分为两类，一为草抖泥的红烧土，表面坚硬龟裂；一为石灰质物质做成，坚硬而光滑。墙基结构多为挖槽建造，内填碎红烧土，墙基内外都有柱洞。灰坑8个，形状有锅底形、直筒形和袋形三种，一般口径2~3.5米，深2~2.5米，坑内多发现生活用具及兽骨。出土的工具有：石斧、石刀、陶刀、石铲、石磨棒、石凿、砍伐器、盘状器、骨镞、石镞、石（陶）弹丸、石纺轮。陶器有夹沙罐、灶、釜、鼎、甑、卷沿盆、大口罐、钵、碗、平底器、小口尖底瓶、小杯。以泥质红陶为主，其次为夹砂灰褐陶。另外还发现有骨针、骨匕、骨锥，绿松石、陶坠、陶环、陶球。兽骨中，可以识别的有猪、羊、鹿等，鹿、羊骨较少，可能是当时的狩猎品。二期发现有残破的居住区和柱洞，灰坑85个，有袋形、直筒形、锅底形和不规则形四种。出土遗物还出现了穿孔石铲、石镰、蚌刀、蚌铲等。陶器以夹沙灰陶最多，泥质黑灰陶逐渐增加，红色陶最少。泥质陶胎变深，新出现的蛋壳陶，胎厚仅0.1厘米。主要器型有鼎、甑、罐、双腹盆、单耳杯、小口平底罐、瓮、碗、豆、盘等。发现墓葬39座，包括33个长方形浅坑墓和6个瓮棺葬。三期发现灰坑78个，绝大部分为袋形坑。此层发现的生产工具以石器为主，但在数量、器形和制作技术方面都有一个飞跃。最突出的有肩石铲、穿孔石刀、三棱镞等。陶器出现新的器型，如带领瓮、夹沙小瓮、鬲、鬶、盉和镂空器座等。

郑州大河村遗址 位于郑州市的东北郊，距今6800~3500年，面积40万平方米。揭露面积5000平方米，共出土各类房基47座、窖穴297座、墓葬354座，出土完整或可复原的陶、石、骨、蚌、牙、角、玉等不同质地的各类遗物3500件。发掘表明，先民们曾在此延续居住长达3300多年，经历了原始社会母系氏族的繁荣阶段、父系氏族阶段和奴隶社会的夏、商时期，大河村遗址是中原地区从原始社会向奴隶社会发展

图1-32 郑州大河村遗址

的历史缩影。遗址中部是仰韶先民的居住区，房基相叠、窖穴密集。两处仰韶文化晚期的氏族公共墓地分别位于遗址的东北部和西部。龙山文化遗存主要分布在遗址的四周边沿地带，夏商时期的遗存主要集中在遗址的西南部。其中仰韶文化遗存最为丰富，文化层最厚处达 12.5 米。出土房基 47 座、窖穴 297 座、墓葬 354 座，出土各类珍贵文物 3500 多件。遗址中出土的"木骨整塑陶房"是目前我国同时期出土的房屋中保存最好的一处。建筑工序是先挖基槽，在基槽内栽木柱、缚横木、加芦苇束，再涂草拌泥构成墙壁，然后用火烧烤，即所谓"木骨整塑"房。发掘时，1 号房基北墙残高近 1 米。据碳 14 测定距今 5040±100 年。它是一组两面坡式的排房建筑，它的出现，奠定了中原传统居民建筑的基本形制。遗址中还出土了大量精美的彩陶，色彩绚丽、图案丰富，在仰韶文化中独树一帜。彩陶双连壶造型独特，被誉为中国史前最美丽的彩陶。彩陶中的太阳纹、日晕纹、星座纹等天象图案，是目前我国已知最早的天文学实物资料。此外，遗址中还出土有山东大汶口文化、湖北屈家岭文化的遗物。发掘表明，先民们曾经在此延续居住长达 3300 多年，经历了原始社会母系氏族的繁荣阶段、父系氏族阶段直到奴隶社会的夏商时期。

大河村遗址面积之大、遗物之丰富、延续时间之长、包含文化内容之广泛，是中原地区其他古代遗址中很少见的。大河村遗址的发现和发掘为研究从原始氏族社会到奴隶社会漫长的历史过程，提供了重要的实物资料和确凿的地层证据，也同时为探讨中原地区仰韶文化的发展序列和分期划段及类型研究提供了一个尺度，为研究中原地区和黄河下游、江汉流域同期诸原始文化的关系提供了依据。

从上述各个遗址的考古结果来看，在新石器时代的中晚期，黄河中下游流域的各个部落已经开启了原始社会的大门，具备了社会生活的雏形。首

图 1-33　大河村遗址出土的彩陶双联壶

先，这些部落在逐步摆脱着"逐水草而居"的频繁迁徙，但大多依旧选择在河畔的第一台地和第二台地定居，以利生存。各个部落并以壕沟和自然河流作为防护和安全措施。其次，各个部落均建有地穴式、半地穴式及地面的屋舍，大河村遗址则出现了"木骨整塑陶房"，人们的居住条件得到了极大的改善。正如《墨子·辞过》记载："古之民未知为宫室时，就陵阜而居，穴而处。下润湿伤民，故圣王作为宫室。为宫室之法，曰：'室高足以辟润湿，边足以圉风寒，上足以待雪霜雨露'，宫墙之高足以别男女之礼，仅此则止"①。半坡、姜寨等方形房屋建筑，包括良渚文化的建筑，采用的也都是宫室之法。第三，各个遗址不同的建筑内部皆有火塘、灶坑的存在，外部则有大小不一的灰坑和兽骨、粮食、菜籽的遗存。各部落的陶器制作也已达到相当高的水准，有炊器、盛器、容器、饮食器等不同种类，足见烹饪已形成并达到一定水平。第四，各个遗址大都有居住、制陶、饲养、墓葬、广场等明确的区域功能，使"聚生群处"后的诸多生活需要在相对稳定的空间内得以实现。尤其是居住区内均有中心建筑的存在，这说明，此时的诸部落成员因分工、作用不同而有着不同的社会地位。

聚生群处的社会是共同生活的个体通过各种各样社会关系联合起来的集合。而在社会关系中，生产关系则起着基础的作用。如何采食、如何烹饪是社会的分工，这种分工之间的关系，又是共同生活的核心，共同生活产生了新的采食方式，产生了新的熟食方式和食物，而以新的熟食方式和食物形成的中国烹饪则又促进了社会分工的变革与生产关系的进步，并进一步形成了共同的食俗和文化。据此可以说，是新石器时代母系氏族社会孕育了中国烹饪的陶烹时代，且以黄河中下游流域为中心开启了由陶烹阶段向铜烹阶段转变的过程，最终形成中国烹饪全新的青铜器时代。

---

① 张永祥，肖霞译注．墨子译注．上海：上海古籍出版社，2015.

第四节　种植业、养殖业、手工业的产生

　　人类的经济生活必然会受到自然环境的制约。在旧石器时代，各原始人群逐水草而居，流动性强，狩猎是先人们的主要生产活动，牛、猪、羊之类的较大体型动物是主要的食物来源，自然环境也有足够的资源可供人类享用。可当整个生态环境发生变化，造成食草类大型动物减少，而人口却大量增加以后，就迫使先人们必须改变采食方式，由单纯的狩猎经济向渔猎、采集经济转变，增加食物的种类。但渔猎和采集同样会受到自然环境的制约，从而威胁到人们的生存，这就需要获得和掌握一些可经常利用的动、植物来稳定食物的供应和储备。于是，种植业、养殖业、手工业便应运而生。

　　种植业是由采集而来。在采集过程中，先人们逐渐熟悉了植物的生长习性和规律，并在采集时从无意识演化为有意识地留下幼小的植株，待其生长到适于食用时再行采集。如此经过一个时期，人们将它们移植到更为方便照料和采集的地区，依据植物落籽生根、花开花谢、瓜熟蒂落的自然规律，掌握了播种、浇灌、施肥、成熟、收获的生产过程，从而迈向了栽培农业。当然，栽培农业最初出现时，是补充性的，而非取代性的。完全取代采集，而成为社会经济活动的主体，是一个复杂和漫长的过程。养殖业当然由渔猎而来，主要为两种途径，一是在捕获的时间和数量较为集中时，圈养了部分活体；二是保留了食用价值不大的幼小个体，这就给繁殖和驯化提供了基础条件，而活体繁殖的

和因饲养而被驯化的动物所带来的效果，就使被动的临时措施成为先人生存的重要保障。应该看到在种植、养殖业产生的过程中，两者关系密切。一方面是野生植物的集中采集为野生动物的圈养提供了食物来源，另一方面野生植物的驯化也受到动物圈养和驯化的影响。在某种意义上它们是互相促进，互为动力的。手工业是狩猎、渔猎、采集及生活需要的产物，又受到种植业、养殖业与部落社会发展的强力推动，无论是工具的制造，陶器的产生皆是如此。而手工业的水平又和种植、养殖业及社会生活的水准是互为因果的。

新石器时代的黄河中下游流域虽然属于半干旱、半湿润气候，但无霜期为150~200天，植被繁茂，今天的山西、陕西、甘肃、宁夏等省份，都分布着大片原始森林，森林覆盖率近70%。河南省更简称为"豫"，显示它当时还是大象出没之地。而黄土不仅具备优良的解理性，适合开掘窑洞居住；同时各种矿物营养物质丰富，具有较高的天然肥力，适宜种植业的发展。刀耕火种的原始农业也就在这里得到了发展。传说中的神农氏教民稼穑。而神农就是炎帝，是火神，所传授的就是焚林垦殖、刀耕火种。《孟子》载："当尧之时，天下犹未平。洪水横流，泛滥于天下。草木畅茂，禽兽繁殖，五谷不登，禽兽逼人。兽蹄鸟迹之道交于中国。尧独忧之，举舜而敷治焉。舜使益掌火，益烈山泽而焚之，禽兽逃匿"[①]。刀耕农业阶段是选择以山林为耕地，砍倒树木烧掉，不经翻土直接播种。只种一年就要抛荒，需年年要另觅新地重新砍烧。但进入相对定居时代，在制造了锄、铲一类翻土工具后，播种前把土壤翻松，可连续几年播种，这就是锄耕农业阶段。考古资料表明，仰韶文化时期显然已进入锄耕农业阶段。因此，黄河流域中下游的种植业，应该起始于新石器时代的早期。

今日的田野考古虽然难以窥见当年的成片农田，但从裴李岗文化、磁山文化到仰韶文化、龙山文化等已发现的数十处文化遗址，已经勾画出黄河中下游流域的农业区。俗称谷子的粟是主要的栽培作物，并成为重要的食物来源。贾

---

① 万丽华，蓝旭译注.孟子·卷五·滕文公上.北京：中华书局，2006.

湖、半坡、姜寨、庙底沟、大河村诸多遗址均有大量的贮藏谷物的窖穴。磁山遗址曾发现 88 个堆放着谷子的窖穴，原储量估计达 13 万斤。仰韶遗址的班村也发现了距今约 5000 年前的数十斤谷子。而舞阳贾湖遗址出土的陶器内壁上的沉积物检测表明含有稻米的成分，这表明这个时期的淮河以北地区亦有稻子的种植。除黄河流域之外，新石器时代的长江流域也存在着相同阶段水平的种植业，浙江余姚河姆渡遗址和桐乡罗家角遗址出土了栽培稻遗存。河姆渡遗址第四文化层有数十厘米厚的稻谷、稻草和稻壳的堆积物，估计折合稻谷 24 万斤。湖南澧县彭头山遗址中发现了包含在陶片和红烧土中的碳化稻谷，是人们在制陶和砌墙时羼入的稻壳而被保存下来的。由此可以说明，新石器时代的种植业，黄河流域以粟、稷为主，所谓"稷为五谷之长，故陶唐之世，名农官为后稷"①。长江流域以水稻为主，小麦的种植尚未成为主体。而半坡遗址出土的白菜或荠菜籽则说明这个时期可能已有蔬菜的栽培。

在养殖业方面，最早驯化、饲养的家畜是狗、猪、羊、马、牛、鸡，以猪和狗为最多。新石器时代的各个遗址都有骨骼的出土。庙底沟遗址的废弃窖穴中的家畜骨骼以猪骨为多、狗骨次之。在半坡遗址发现有饲养家畜的圈栏，从出土的骨骼看，饲养和可能饲养的动物有猪、狗、羊、鸡、牛、马。牛、马、鸡因材料太少，难以确定是家畜或是野生。姜寨遗址也发现有牲畜圈栏，并且还有牲畜夜宿场。所发现的骨骼有猪、狗，以及难于确定是家畜还是野生的牛和梅花鹿。山东省胶州市三里河遗址的窖穴内有大片鱼鳞堆积，只能认为是大量捕捞后的贮藏，尚没有鱼类养殖的证据。

新石器时代中晚期的手工业已具有相当高的水准。磨制石器为种植、养殖、建筑、烹饪提供了当时社会条件下精良的各种工具。这不但保证了需要，也促进了相关行业技术的进步。制陶业则有了长足的进步，陶轮的发明和陶窑的改进，保证了陶器数量、种类、质量的提高，留下了不少优秀的作品。仰韶

---

① 〔宋〕罗愿. 尔雅翼. 黄山书社，1991.

文化时期的彩陶、龙山文化时期的黑陶是突出的代表，郑州大河村出土的彩陶双联壶，山东日照出土的黑陶蛋壳杯，称得上是精美绝伦。

各个文化遗址大量出土的残片和器皿表明，这些炊器、食器、盛器、容器和陶塑作品，为当时先人的烹饪、饮食、日常生活提供了基础和条件，大大提升了部落社会的文明水准。

第五节　采食手段与工具

整个新石器时代，先民们获取食物的手段是一个逐步从单纯的渔猎和采集向种植业、养殖业发展、变化、多元的过程，在这个过程中，工具的进步和提升发挥着重要的作用。尤其是当种植业、养殖业成为定居部落经济生活的主体后，生产、加工食物的工具便直接影响到食物来源的数量和质量。这些工具以功用论，可分为打击器、投掷器、弹射器、砍削器、捕捞器；以材质论，则有石器、骨器、蚌器、木器、竹器、陶器。而磨制石器作为新石器时代的标志毫无疑义地是各类工具的主要成分，及至新石器时代的晚期，铜器亦有出现。各文化遗址大量出土的各类型玉器是当时部落社会精神、文化需求的用品，未有作为采食手段的证据。虽然各遗址所出土玉器的工艺水平明显高于同期的陶器，但加工这些形制精细、工艺复杂的玉器是否还有更高质地、水平的工具，目前尚无发现。是否也曾用于生产、加工食物，亦不可知。

一、渔猎手段与工具

在家畜养殖形成一定规模之前，狩猎和渔猎是先民获取肉类食物和动物性脂肪的主要来源。对猪、羊、牛、狗、鸡等诸多中小型动物的猎取多采用围捕、伏击、陷阱、机关等手段，使用石斧、石球、陶球、石刀、陶刀、箭镞等工具。即打击器、投掷器、弹射器、砍削器、捕捞器等。对鱼类的猎取，使用鱼镖、鱼叉、鱼钩和网罟等投掷器和捕捞器。目前虽然没有网罟的出土，但有网坠的出土。同时网纹是仰韶彩陶的装饰纹之一，说明捕鸟兽之网和捕鱼之罟是真实存在的。

故《管子·势》有"兽厌走而有伏网罟"① 之说。而新石器时代的各个文化遗址均为临水而居，渔猎应该是先民重要的生产活动之一。

石斧：打击器的代表，各文化遗址均有出土，器体较厚重，一般呈梯形或近似长方形，两面刃，磨制而成。多斜刃或斜弧刃，亦有正弧刃或平刃。

图1-34 石 斧

石球：投掷器和弹射器。石球是旧石器时代许家窑文化中最富特色的器物，1976 年就发掘了 1059 件，最大的重 1.5 千克，最小的重 100 克，直径为 5~10 厘米不等。粗大的石球可直接投掷野兽，中小型的石球可用作飞石索。飞石索是用兽皮或植物纤维做成兜，两端拴绳，放入石球，甩起绳子，然后松开一根，将兜中石球飞出，有效射程可达 50~60 米。在新石器时代与投掷石球并存的还有一种新的弹射用具弹丸，有石质和陶质两种，直径多在 1 厘米左右。

鱼镖、鱼叉：投掷器，重要的渔猎工具，多为骨制，接上长木柄后使用。骨鱼镖有两种接柄方式。一是捆绑在木柄前端，二是把骨鱼镖的尾端插入木柄

---

① 〔唐〕房玄龄注．管子·第十五卷·势．上海：上海古籍出版社，1989．

前端的銎孔中，被称之为"脱柄鱼镖"。这种骨鱼镖的尾端有一个帽状凸节，使用时在凸节前系绳索，然后插入木柄前端的銎孔中。持镖柄投入水中，刺中鱼后，由于水的阻力和鱼的挣扎，镖与柄脱离，利用骨鱼镖凸节前拴的绳索将鱼提起。新石器时代的渔猎已出现了垂钓的形式，大汶口文化遗址中就有磨出系线凹槽的鱼钩。

二、采集手段与工具

植物的采集是先民维持生存的基本食物来源。采集的种类包括植物的根、茎、叶、花、果实、种子，贾湖遗址、裴李岗遗址等都出土过榛子、菱角、芡实、核桃、酸枣、梅、大豆、水稻的遗存。采集的手段包括挖掘、切割、摘除。所使用的工具有石刀、陶刀、蚌刀、石镰、骨锥、角锥、骨匕等挖掘器和切割器。采集的活动保障了食物，开启了种植业，也产生了药物。药食同源便是自此而始。正如《纲鉴易知录》所载："民有疾病，未知药石，炎帝始味草木之滋，察其寒、温、平、热之性，辨其君、臣、佐、使之义，尝一日而遇七十毒，神而化之，遂作方书上以疗民疾，而医道自此始矣"①。

石刀、陶刀：主要的切割器。各文化遗址出土过数以万计的刀具，多为矩形和半月形，有单孔、双孔、多孔和两侧带缺口等多种形式。质料多石，也有不少是陶和蚌做的。安徽薛家岗遗址出土有"九孔石刀"，这类石刀背部较厚，其孔可能为穿系捆柄。有的孔周围还绘有规整的图案，刃部比较平直。河姆渡遗址出土的陶刀为泥质灰陶，长方形，上端厚而圆，两个圆孔，下端刃部薄。两面均刻有纹饰。一为兽面纹样，一为云雷纹，线条纤细。

骨锥、角锥：属于挖掘器。众多文化遗址都有不同数量的出土，有磨制相当精细的，亦有比较粗糙的。但都属于很应手的工具。

---

① 吴乘权等辑，施意周点校. 纲鉴易知录·五帝纪·炎帝神农氏. 北京：中华书局，1960.

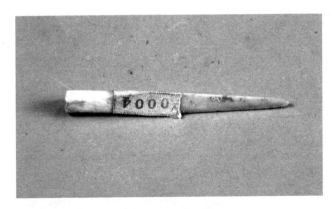

图 1-35 骨 锥

图 1-36 骨箭头

图 1-37 石箭头

蚌镰、鹿角钩型器：收割和采摘用具。蚌镰主要形制有弯背凹刃和弯背直刃两种，刃部均呈锯齿状，制作比较粗糙，长度在 10 厘米以上，以 13~14 厘米的居多，属切割器。钩型器又称靴型器，用鹿角制成，长仅 10 余厘米，形状颇似脚或靴，柄部大都刻有凹槽，有的雕凿出用于绑系绳子的圆孔。用途有争论，如装长柄当是很方便的树木果实的采摘用具。

图 1-38　石　镰

图 1-39　尖状石器

谷蔬种植与工具：新石器时代早期所出现的刀耕火种耕作方式在我国长江流域地区甚至保留到了唐、宋时期，称为"畲田"。宋人范成大在《劳畲耕·并序》中说道："畲田，峡中刀耕火种之地也。春初斫山，众木尽蹶，至当种时，伺有雨候，则前一夕火之，藉其灰以粪；明日雨作，乘热土下种，即苗盛倍收，无雨反是。山多硗确，地力薄，则一再斫烧始可蓺。春种麦豆，作饼饵以度夏；秋则粟熟矣"[1]。而要斫山，则需石刀、石斧之类，而翻土、播种、除草、收割，就需要石铲、石锛、石耜和骨耜及石锄、蚌锄。收获用的石镰、蚌镰、骨镰和靴型器与采集时的工具相同。这些工具与后来锄农业阶段的工具是一脉相承的。

石铲、石锛：翻土和播种用具。石锛、石铲在新石器时代中晚期的文化遗址中多有出土。石铲常两面磨刃，是之后锹和锨的前身。石锛则是90度角装把，与石锄、蚌锄相类似。

图 1-40 骨 铲

石锄、蚌锄：翻土和除草用具。石锄、蚌锄的功用有和石锛相类似之处。但更多的是用于除草，而非播种，尤其是以蚌壳为材料的，是很适宜除草之用的。

---

① 〔宋〕范成大著，高海夫选注．范成大诗选注．上海：上海古籍出版社，1989.

图 1-41　石　犁

图 1-42　石　凿

图 1-43　石　凿

耒耜：耒耜是翻土工具的进步代表。《易经·系辞》说："包牺氏没，神农氏作，斫木为耜，揉木为耒，耒耜之利，以教天下……"[①]。耒是一根尖头木棍加上一段短横梁。使用时把尖头插入土壤，再用脚踩横梁使木棍深入，然后翻出。改进的耒有两个尖头或有省力曲柄。耜类似耒，但尖头成了扁头（耜冠），类似今天的锹、铲。其材料从早期的木制发展成石质、骨质或陶质。耒耜的发明提高了耕作效率。耒耜也是后来犁的前身。

家畜养殖与工具：从目前的考古资料来看，新石器时代中晚期的养殖方法主要是圈养而非放养。一是因为家畜的驯化尚未达到相应的水平，二是放养的客观环境条件和主观能力的不完备。黄河流域的西安半坡、临潼姜寨遗址都有家畜的圈栏，亦有夜宿场。长江流域江马家浜文化和良渚文化许多遗址都有干栏式建筑发现，江西清江营盘的新石器时代遗址发现的陶制干栏式房子模型，带有长脊短檐式的屋顶，干栏式房子可使房子与地面隔离而达到有效的防潮作用，其下则可圈养牲畜。而圈养所用的工具应主要是饲料的加工处理和饮食的用具。其他如用于约束、驯化、劳役的工具尚无出土文物佐证。

以上的各类工具中作为主体的是石器，少有陶器，而青铜器尚无一定量的出土。西安半坡遗址和临潼姜寨遗址曾各发现一个薄铜片，半坡的为长条状，姜寨的为圆形。尚无属于何种器物的结论。甘肃东乡林家马家窑遗址和永登连城蒋家坪马厂遗址各出土了一件铜刀，前者完整，后者仅存刀体前半部。两刀均凸背凹刃，林家刀把与刀体无明显分界，是目前发现的最早的青铜制品。但从整体上看，青铜工具不是新石器时代中晚期各类工具的主要成分之一，这是由当时社会生产力发展水平所决定的。因此，对于采集、收获、分割、加工而言，这个时代的工具处于较低的工艺水准，无法完成任何相对精细的生产活动与烹饪活动。虽然有精美的玉器存在，却一因玉石硬度较低，二因许多玉器所表现出的艺术水平与所处时代差距极大，令人疑惑，无法旁证有高质量生产工具的使用。

---

① 刘君祖. 爱智典藏书院国学讲坛系列《详解易经系辞传》. 易经系辞下传. 上海：上海三联书店，2015.

第六节　熟制手段与器具

从目前的考古资料看，无论是黄河流域、淮河流域、长江流域、珠江流域或者是黑龙江流域的文明，其进食的方法和手段均有一个从茹毛饮血到污尊抔饮再到火上燔肉、石上燔谷的过程。《礼记·礼运》说：古之时"未有火化，食腥也，食草木之实、鸟兽之肉，饮其血，茹其毛"[1]。因此，茹毛饮血，可以解释为茹其毛、食其肉、饮其血，也可以解释为食草、饮水。而"污尊抔饮"则是无容器的表现。进入新石器时代以后虽然利用陶器烹煮成为主流，但生食仍在，火上燔肉、石上燔谷也与陶烹并存，并在一定的条件下得到发展。如后来的石烹法，也就是包括以火烧碎石、其上熟物和掘地为穴、铺树叶或兽皮形成容器，再以火烧石与食物入内的方法。而陶烹之阶段由于对食物的前期分割与加工提出了更高的要求，再加用火的方法有着直接用火、间接用火之间所表现的过渡、变化、共存，便产生了新的熟制手段。同时促进了相关器具的进步及发展，从而形成了以加工器具、燃烧设备、烹制器具、盛装器具和饮食器具为基础；以火烤、炭炙、灰煨、石烙、石烹、陶烙、陶煮、陶蒸为熟制手段所构成的中国烹饪最初的技术体系。

---

① 〔清〕阮元校刻. 十三经注疏（清嘉庆刊本）. 北京：中华书局，2009.

一、加工器具

新石器时代中晚期的食物加工器具主要是磨盘、磨棒、杵臼等谷物的加工器具，其他果、菜、肉类食物的分割、加工则和采集的工具基本一致。裴李岗文化遗址出土过大量的石磨盘和石磨棒，以当时所食用的粟、稻的颗粒大小而言，其主要为脱壳之用，而非磨碎。所以按如今碾和磨的定义，应称作石碾盘和石碾棒，此盘前尖后圆，正面俯视如鞋底形状，盘的底部有四个小小的圆柱足；盘的中间部分因使用而呈向下凹陷之状，是摩擦使用的痕迹。磨盘和磨棒配套使用，磨棒多呈中间稍粗的圆柱形，便于和盘面更好的结合。杵臼出土较少，《易经》云："断木为杵，掘地为臼"[①]，但杵臼可能与盘棒亦有一定的渊源。当长期使用令磨盘产生较深之凹陷后，磨棒的前后运动不能进行，此时颠倒磨棒上下使用而舂制，力量更大，能比盘棒更能发挥脱粒和捣碎的作用。故杵臼被后世广泛使用，而形制较小的磨盘棒则发展为碾盘和碾磙。

二、燃烧设备

新石器时代中晚期的燃烧设备分为火塘、灶坑和灶台，在各个代表性文化遗址内都有此类燃烧设备的出现。除单体的以外，还有深穴连通灶坑，各灶口可同时使用。火塘与火堆有着继承关系，灶坑则由火塘演变而来，是将陶釜之类陶器架设之上而用，故火塘只能烧、烤、炙，而灶坑则能蒸煮。其燃烧及热能利用效率明显提高。《说文解字》曰："灶，炊灶也，从穴"[②]。但至新石器时代晚期，开始出现从固定灶台向独立陶灶的变化。在磁山文化遗址里，有用三个鞋形支脚支架夹砂红陶筒形釜的遗存，这是釜和灶配合使用的雏形。在浙江余姚河姆渡文化遗址里出土了簸箕形的灰陶灶和架在其上的陶釜及陶甑。在

仰韶文化遗址里，出土有夹砂红陶灶和夹砂红陶釜。

三、烹制器具

在烹制器具中，釜是陶烹的诸多
阶段上的作为煮食使用的炊器，它既
能在火塘上支架使用，亦可在灶坑、
灶台上使用。鼎为实心三足，鬲为三
个空心袋装足，适宜架设在火塘、灶
坑上使用，个别遗址出土的鬲有谷物
的存留，验证了"鼎煮肉、鬲煮粥"
之说。可能因为鬲的三个袋装足增加
了受热面积，有利于较硬的谷物颗粒
迅速糊化。鬲和盆状但底部带若干圆
孔的甑配合为甗，是蒸制食物的炊
器。荥阳青台遗址出土的陶鏊，覆盘
状，底部三个瓦状足。内壁粗糙，外

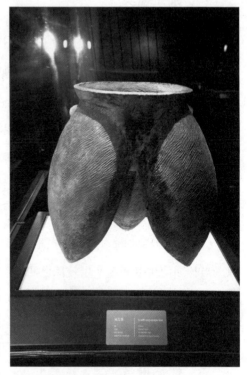

图1-44　新石器时代的陶鬲（炊粥器具）

壁光滑，内壁上有火烧而凝积的黑灰，外壁上结有一层薄薄的锅巴状物是用于
烙制食物的。上述各种炊器，在陶烹的早期阶段多为夹砂褐陶，中期阶段多为
灰泥陶，少量红陶。

四、饮食盛装器具

在陶烹的各个阶段，都有炊食共器的情况，既用此烹、煮、蒸，又藉此食
用，如鼎、鬲、釜、甑均是。共器之外的饮食器、盛装器有钵、罐、壶、瓶、
盂、盆、碗、盘、豆、杯、瓮等，可有些饮食器同时又是盛装器，如罐、壶、
瓶、盂、盆、瓮等。正因为如此，食用之余或存贮其中的食物才有可能出现发
酵的情况，启迪了先人们对食物性质、口味变化的认识，并由此发明、掌握了

酿造的技术。醋、酱、浆、酒的产生盖源于此。舞阳贾湖文化遗址陶器中的残存经鉴定为酒类饮料，便是一证。

在各类陶器中，炊器大体没有美化和装饰，但新石器时代中后期的饮食器、盛装器都有各类纹饰。轮制技术出现以后，不论红陶、彩陶、黑陶、灰陶、灰白陶在质量上都出现了突破，炊器的口径增大，饮食器小而精美，盛装器容量增加，陶器的形制以用途不同而逐步固定。

图 1-45　新石器时代的白陶鬶

（出土于河南巩义市小芝田村）

图 1-46　新石器时代的黑陶高足杯　　　　图 1-47　新石器时代的涡纹彩陶壶

五、熟制手段

在食物加工技术、燃烧设备、烹制器具的改善、提升、发展的综合作用下，新石器时代的熟制手段逐步增多和提高，且在长期发展的过程中渐趋稳定，为在陶烹阶段的晚期形成各具工艺流程特色和工艺标准的烹饪技术门类奠定了基础。这些熟制手段为火烤、炭炙、灰煨、石烙、石烹、陶烙、陶煮、陶蒸，并由陶煮、陶蒸衍生出酿造技术。

火烤法：火烤即为火上燔，是在火堆和火塘之上，以竹、木穿起原料，用明火烤制成熟的手段。火烤主要适用于动物性原料，对原料的形制要求不高，加工后的颗粒状谷物不能烤制，但尚未完全成熟的谷穗、稻穗也可被烤制食用。

炭炙法：炭炙是利用火堆、火塘中未完全燃烧后炭化的木材和尚未熄灭的灰烬所产生的辐射热量熟制原料的手段，以陶罐、陶盆盛装木炭亦能炙制。因其无明火，故适宜熟制小型动物性原料和非颗粒状的谷物，以及其他块状、条状的植物根茎。

灰煨法：灰煨又称煻煨，或由原料因意外情况落入火堆、火塘、灶坑里热量尚存的灰烬之中而产生的。是熟制小型植物块茎、根茎和小型动物的有效方法。

石烙法：石烙由石上燔演变而来。在被动用火的时期，石上燔是利用被山火、林火加热后的石块来熟制颗粒状谷物。新石器时代以后，先民们应该是用火堆、火塘、灶坑加热大小、形状各异的石块来熟制加工或未加工的小型动物性原料和谷物，包括谷穗、稻穗、颗粒、片状等。

石烹法：石烹是掘地为穴，铺设兽皮或大型叶片，然后烧灼石块入水，再下入食物，使其成熟。此种方法可能是受陶煮的启示而来，也可能是在陶器时代前受自然界的某种现象的启示而来。如山火后的水洼内会出现某些动植物与石块一起存在于沸水中的情况。

陶烙法：陶烙应是在新石器时代的晚期陶器制作较为成熟的情况下产生的。是模仿石上燔、石烙的结果。但陶鏊壁薄，受热、传热较快，适宜于加工后的谷物原料。

陶煮法：陶煮是陶器发明后的主要熟制手段。可根据陶器的大小、形制在水沸前后下入各类不同形状的动物性、植物性原料，形成了新的食物和口味，也同时使调味、调味品的运用得以实现。所谓"煮海为盐"便是一例。

变直接用火为间接用火的陶煮是开创中国烹饪技术体系的先导和标志。

陶蒸法：有陶煮之后而有陶蒸，陶蒸是将陶甑置于陶鬲或陶鼎之上，利用沸水产生的蒸汽熟制食物，蒸不但能保持原料的形状，而且能令脱壳后的谷物颗粒和其它经加工、破碎后的植物性原料、动物性原料凝结、变化成形。陶蒸是陶器时代最具影响力、在中国烹饪历史上占有重要地位的发明。

图 1-48　新石器时代裸体人物纹高足镂孔灰陶盘

酿造法：植物果实、颗粒的发酵原属自然现象，是醋、酸浆、酒的源头。但陶器的产生和陶煮、陶蒸后的食物因食余和贮藏而发酵的人为后果，促进人们认识到原料形味变化的原因与结果，遂令酿造手段得以产生，从而开拓了新的饮食领域。

第七节 饮食文明的产生

新石器时代的晚期，黄河中下游流域的部落社会已基本完成由母系氏族社会向父系氏族社会的过渡。在经历了游牧与种养殖、种养殖与手工业两次社会大分工以后，男性成为社会主要劳动力，社会生产力得到发展。种植业、养殖业的初步成果使以谷物为主的食物来源趋向稳定和丰富，手工业的兴起则促进了中国烹饪技术初步形成体系，从而保证了饮食生活的基本需求。

由此形成的经济基础诞生了以父权和夫权为标志的私有制，并占有了最主要的生产资料和生活资料。原有的母系氏族公社解体，父系血缘成为社会的中轴线，社会成员的地位有了不同，且藉此构建了具有等级社会雏形的新的社会架构，因此，饮食文明作为上层建筑的产生，就是以父权、夫权为中心展开的，以食物的质量、多寡、食法、食制为内容的。《史记·管晏列传》载："仓廪实而知礼节，衣食足而知荣辱，上服度则六亲固。四维不张，国乃灭亡。下令如流水之原，令顺民心"①。这就是说，君王的饮食制度是固六亲、彰礼义廉耻、政令顺畅的保障。所以自此开始，饮食文明成为中国政治活动之核心。而这个时期，就是中国历史传说中的炎黄时代。

---

① 张大可，丁德科通解．史记通解（第6册）．史记七十列传1．北京：商务印书馆，2015.

一、共食与分食

旧石器时代或者更早的时期，先民是"逐水草而居"，主要靠狩猎和采集为生，无固定归属之工具，无稳定生活之居所。获取的食物在群落之间均分共食，或围坐篝火烧烤，或围坐果蔬共餐。并且如《白虎通义》所说，古时之人是"饥即求食，饱即弃余"①，无积累、无贮藏，自然也无私产与公产之概念。人皆平等，无长幼尊卑，有时共食、无时同饥。进入新石器时代以后，由于种植业和养殖业均有稳定的自然和生命周期，食物的来源可以期待并能有一定数量的贮藏，这便使在没有自然灾害和外敌侵扰的情况下的定居生活成为可能，而又因为定居的位置是以耕地所在为前提，天然的洞穴会无法利用，故新石器时代中晚期各个文化遗址便都有各类形式长期居所的建设。郑州大河村遗址甚至采取了"木骨整塑"的建筑工艺，房舍质量很高，亦可见生活之稳定。

各处遗址的建设布局无论面积大小，均是围绕中心居所建筑展开，中心建筑又大都面临广场，这充分说明父系社会等级和权力的出现。各大小单元的居所中都有容积不等的粮食窖穴和火塘、灶坑、灶台存在，大型单元中甚至有多灶口联通式灶坑，亦说明占有食物的多少和烹饪能力大小的区别。而这个窖藏的多少和烹饪能力的大小所代表的还是地位与权力，表明地位不同的社会成员处在不同的生活条件之下。于是原来全体族群成员在共同地点的共食也就为不同成员在不同的地点分食所取代，这是一个新的社会生活方式划时代的开端。

二、饮食的种类

旧石器时代及之前的一个漫长时期内，先民的食物来源决定于所处地域的气候、物产，完全靠野生动植物维持，虽然"靠山吃山，靠水吃水"，但更受限于自身狩猎和采集的能力。在种植业、养殖业产生以后，狩猎和采集而来的

---

① 〔汉〕班固. 白虎通义·号. 钦定四库全书·白虎通义. 北京：中国书店，2018.

鹿、獐、鼠、兔、狸、貉、獾、羚羊、鱼、螺、蚌、鳖、橡子、菱角、芡实、酸枣、毛桃、核桃、梅、菌、藻等，这些小型水陆动物和果菜成为一定时期、一定条件下的一种补充或者调剂。保障各个部落社会的食物来源则决定于定居位置的地理、气候条件下所能种植的谷物种类和已经驯化的家畜品种。根据目前田野考古的资料佐证，新石器时代中晚期各个流域所种植的谷物为稻、粟、黍、菽，蔬菜为菘或荠，驯养的家畜为猪、狗、羊、鸡、牛、马，但牛、马当多为劳役和骑乘，不会成为食物的主体。所以，中国烹饪以谷物为主，以果、菜、肉为辅的养生之规和选料广博的传统，其实是植根于新石器时代的客观历史条件中的。

据《史记·五帝本纪》记载："（黄帝）时播百谷草木，淳化鸟兽虫蛾，旁罗日月星辰水波土石金玉，劳勤心力耳目，节用水火材物"[①]。根据食物来源和斯时的设备、工具条件，以熟食手段划分，新石器时代中晚期的饮食种类为：

火烤类：肉（家畜、野生禽兽、小整、大块）、鱼、谷穗。

炭炙类：肉（家畜、野生禽兽、小整、大块）、鱼、谷穗。

灰煨类：肉、鱼、果、根茎（小整、大块）。

石烙类：肉（家畜、野生禽兽、片、块）、加工后的谷类。

石烹类：肉、鱼类、各类形制较小的动植物。

陶烙类：谷物原料加工为颗粒状，肉类加工为片、块后成形。

陶煮类：各类动植物原料可成羹、粥，或为块、片、条形。

陶蒸类：谷物、肉类经加工后成饭，或为块、片、条形。

酿造类：以加工后的动植物原料为浆、酒、酱、醋。

三、用餐的方式

用餐的方式，应该是社会生产力发展水平的集中表现，是社会文明程度的

---

① 〔汉〕司马迁著，王晨编.史记.北京：中国华侨出版社，2013.

一个标志。在经历了极其漫长的茹毛饮血之后，旧石器时代先民们也还是处在把抓口咬、污尊抔饮的时期。只有在具备了精良的切割工具和餐具、盛器、容器之后，才能实现由手抓到刀、叉、匙、匕，再到匙、箸的进步。而这还必须有良好的烹饪技术予以保证。现在没有确凿的证据表明工具和陶器这两个品类中何者率先达到先进水平，但毋庸置疑的是，没有优秀的工具就难以促进陶器制造能力的提升。刀具自是其一。然而，当陶器的制作达到一定的水准后，陶刀的锋利也不亚于石刀和玉刀，甚至还有超越。这就给更精细的原料加工提供了手段，也使餐具更加精巧，使纤细的箸成为中国用餐方式的代表。

炙烤类品种的食用：炙烤类品种多数为肉类，质地柔韧，必须用刀、匕分割，用匕、叉食用。甘肃武威皇娘娘台齐家文化遗址、青海同德县的宗日遗址已经都出土过完整的骨质三齿餐叉，特别是餐叉出土时和匙、骨刀同在，说明当时是叉、匙、刀三件配套使用。但受制于养殖业，肉类有限，此种餐具和食法为稀。

煨烙类品种的食用：煨烙类品种是肉类、鱼类、谷类兼有，《礼记》有载："炮，取豚若将，刲之、刳之，实枣于其腹中，编萑以苴之，涂之以谨涂"[①]。是指将原料包裹草泥，熟后再分割食之，烙制品种也温度较高，故刀、匕、叉、箸均有使用。倘直接向炭、灰中取食，如火中取栗，更必须用箸之类。故箸的发明可能就是由用树枝向火堆中、炭灰中撩拨火焰或挟取食物而来。

蒸煮类品种的食用：蒸煮类食物是数量最大的，其中粥、饭与羹汤是为代表，其原料以谷物、蔬菜居多，即使有鱼肉于其中，也属细小，需用匙和箸。《礼记·曲礼》云："羹之有菜用挟，其无菜者不用挟"[②]，挟即为箸。黄河流域的磁山文化遗址、仰韶文化遗址都有骨质餐匙的出土，长江流域河姆渡文化遗址出土有精美的鸟形刻花象牙餐匙和标准的勺形餐匙。箸或因材质的关系出

---

① 王文锦译解.礼记译解（上）.北京：中华书局，2001.
② 〔元〕陈澔注.礼记.上海：上海古籍出版社，2016.

土很少，江淮东部龙庄遗址曾出土过 42 根骨箸，说明箸的存在和使用始于新石器时代是毫无疑问的。

酿造类品种的食用：浆、酒类品种是饮用的，醋和酱类食品多为佐食，但梅酱、杏酱等果酱亦可单独使用，故杯、匙、箸都有使用。

父系制社会的分食制以家庭或个人为单位，食物的加工、烹饪由部落中、家庭中的女性成员或由非最高层级，但具有一定技术能力的男性成员兼任，尚无新石器时代中晚期出现专业烹饪者的证据。除体积较大无器皿盛装的烧烤食物外，其他的饮食应是由杯、盘、碗、鼎、鬲、豆盛装到个人而自行食用。以当时陶器的形制看，作为饮食盛器的口径在 3~20 厘米，较大口径的炊食器则是可以分配食用，或由部落首领及家长独享，不存在难以分食的情况。可以判断，斯时食物分配的多寡已经是由层级而定，而非生理需要和其他。

本章结语

中国烹饪作为中华民族文化的重要组成部分，它的产生有着多元的背景，这是依照现有的认知能力与对象所得出的结论。

各个文化时期在不同地域的遗存具有近似、相似乃至雷同的工具、炊器和食器，说明人们具有基本一致的生产和生活方式。在如此广袤的地理空间内，已知的部落群体是如何达到同步的进化水准还难以得出结论，他们有否联系、如何联系亦无可证。但可以确认的是，在万年上下的时空之内，陶器的产生与广泛使用所形成的烙、煮、蒸这三种熟食方法具有革命性的意义。它决定了中国烹饪的技术方向和中国烹饪技术体系的形成，影响着、引导着与此关联的种植业、养殖业和手工业的生产及发展，并由此奠定了、开创了中国饮食文明的基础和未来。

第二章　夏

（公元前 2070 年—公元前 1600 年）

第一节　夏的建立与夏代社会

　　夏朝的建立肇始于新石器时代晚期的炎黄部落和父系氏族社会的尧舜时代，《史记》① 等诸多古代文献均称鲧为颛顼之子，并把夏族追溯到颛顼。

　　据载：黄帝次子曰昌意，生颛顼，颛顼之子名鲧，鲧之子名叫禹，为夏后启（即夏启）父②。夏部落初居住于渭水中下游，后东迁至晋南、豫西伊洛流域。《国语·周语》中说鲧作为夏族首领被封在崇③，故称"崇伯鲧"。崇，即今河南嵩山④。之后，禹继承了鲧，为"崇伯禹"。这表明夏族早期活动于嵩山附近。当时河水泛滥，为了抵抗洪水灾害，不少部落形成了部落联盟，鲧被四岳推选为领导治水，历时九年而最终失败。《尚书·洪范》与《国语·鲁语》中均提到"鲧鄣洪水"⑤，说明鲧治水的方法主要用土木堵塞以屏障洪水。鲧死后，禹受命，放弃了鲧"堵"的治水方略，改为以疏导为主。《史记·夏本纪》记载禹治水时"劳身焦思，居外十三年，过家门不敢入"⑥，禹治水有功，增强了夏部族势力，洪灾的根治奠定了夏部落王权的基础。舜将王位禅让给禹，禹在涂山会盟。《左传》："禹合诸侯于涂山，执玉帛者万国"⑦。禹死

---

　　① 〔西汉〕司马迁．史记．史记·五帝本纪第一．哈尔滨：北方文艺出版社，2007.
　　② 〔西汉〕司马迁．史记．史记·夏本纪．哈尔滨：北方文艺出版社，2007.
　　③ 曹建国，张玖青注说．国语．国语·周语（下3）．开封：河南大学出版社，2008.
　　④ "崇"即"嵩山"，见顾颉刚、刘起釪《〈尚书·西伯戡黎〉校释译论》中国历史文献研究会编．中国历史文献研究集刊 第1集．长沙：湖南人民出版社，1980.
　　⑤ 曹建国，张玖青注说．国语．国语·鲁语（上9）．开封：河南大学出版社，2008.
　　⑥ 同②
　　⑦ 蒋冀骋点校．左传．左传·哀公七年．长沙：岳麓书社，2006.

后，启与伯益经过了一场史前最惨烈、持久的争夺大部落联盟首领的战争之后，大约公元前20世纪，启结束了尧舜禹的禅让制，在河南禹州城南（钧台）举行大典，确立了"共主"的地位，并大宴诸侯，史称"钧台之享"①。

夏启的继位，是我国从原始社会向奴隶社会转变的重要标志，也是新的文明时代的开端。

夏朝王权的建立使基本处于同一水准的其他部落文明开始处于被管理、被征服的位置，尽管这种管理和征服尚未达到相当的高度，但"禹收九牧之金，铸九鼎，象九州"② 确立了河南西部和山西南部的中心和领导地位。

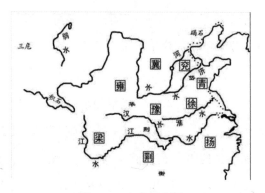

图 2-1　九州示意图

而认识夏代社会，陕西石峁遗址、山西陶寺遗址、河南瓦店遗址、河南二里头遗址等，则是重要途径和佐证。

石峁遗址　是中国已发现的龙山晚期到夏早期时期规模最大的城址。位于陕西省榆林市神木市高家堡镇石峁村的秃尾河北侧山峁上，地处陕北黄土高原北部边缘。属新石器时代晚期至夏代早期的遗存。可能是夏早期中国北方的中心，石峁遗址距今4000年左右，面积约425万平方米。这个曾经的"石城"

① 蒋冀骋点校. 左传. 左传·昭公四年. 长沙：岳麓书社，2006.
② 班固著. 赵一生点校. 汉书. 汉书·郊祀志（第五上）. 杭州：浙江古籍出版社，2000.

寿命超过 300 年。

图 2-2　石峁遗址

　　调查发现，石峁石城分为外城和内城，内城墙体残长 2000 米，面积约 235 万平方米；外城墙体残长 2.84 千米，面积约 425 万平方米。成为已知史前城址中最大的一个。"皇城台"位于内城偏西的中心部位，为一座四面包砌护坡石墙的台城，大致呈方形。内城将"皇城台"包围其中，依山势而建，城墙为高出地面的石砌城墙。外城系利用内城东南部墙体、向东南方向再行扩筑的一道弧形石墙，绝大部分墙体高出地面，保存最好处高出现今地表亦有 1 米余。初步发掘，发现有房址、灰坑以及土坑墓、石椁墓、瓮棺葬等，出土陶、玉、石器等数百件。尤以磨制玉器十分精细，颇具特色，其原料主要为墨玉和玉髓。器类有刀、镰、斧、钺、铲、璇玑、璜、牙璋、人面形雕像等。2012 年在对石峁遗址的发掘中，在后阳湾一处房址之下，发现了一件被打碎的双鋬鬲。发现时，两个鬲套扣在一起，里面有一些肢骨、肋骨等散落于套扣的鬲中。后经考古专家对骨骼鉴定发现，这些遗骨属于一个不足周岁的婴儿。这种用炊具埋葬夭折婴儿的习俗，在当时的中国普遍存在。经过细致发掘，在这具婴儿的骨骸上发现了一些纺织物残片。经初步鉴定，这些纺织物原料为苎麻类纤维。这说明北方至少4000多年前就已经懂得人工纺织，并已经开始有意种植苎麻。此外，骨殖上部残留的织物残片，分为上下两层，下层紧贴骨殖，经纬较为细密，上层经纬较为粗疏，说明石峁人已经有了内外衣之分。

2015年9月，考古人员在石峁外城东门附近清理出一处规模较大、保存较好的错落有致的院落。其窑洞式住房、高处库房、礼仪性厅房及石铺地坪和院落门址等结构基本清晰，如此完整而罕见的石砌院落无疑对于研究夏代早期较高等级人物的居住条件和早期国家等具有重要意义。2017年9月5日，考古人员在对"石峁遗址"皇城台遗迹进行发掘时，发现大量制作精美的骨器。据统计，考古人员在30立方米土方内，发现骨针数量超过250枚，各类骨器总计逾300件。此次骨器的发现表明皇城台顶部存在着制骨手工作坊，为探索皇城台顶部聚落结构和石峁城址内部功能区划提供了重要线索。同时，还证明石峁遗址皇城台遗迹不仅是贵族的活动区域，也是当时先进工艺技术的手工作坊区。

图2-3 石砌院落

陶寺遗址 陶寺遗址是中国黄河中游地区以龙山文化陶寺类型为主的遗址，位于山西省襄汾县陶寺村南，东西约 2000 米，南北约 1500 米，面积 280 万平方米。是中原地区龙山文化遗址中规模最大的一处之一。经过研究，确立了中原地区龙山文化的陶寺类型，近年来在对于陶寺遗址的发掘中，结合了磁力仪和探地雷达物探、环境考古、动物考古、植物考古（孢粉、浮选、选种）、人骨分析、DNA 分析、天文学等多项科技考古手段，包括碳 14 测年技术在内的年代学探讨，进一步判断陶寺文化的绝对年代为公元前 2300～前 1900 年之间。陶寺遗址对复原中国新石器时代晚期的社会性质、国家产生的历史及探索夏文化，都具有重要的学术价值。

在发掘过程中，考古队员发现了规模空前的城址、与之相匹配的王墓、世界最早的观象台、气势恢宏的宫殿、独立的仓储区、官方管理下的手工业区等。有许多专家学者提出，陶寺遗址就是帝尧都城所在，是最早的"中国"。根据发掘的成果来看，陶寺社会贫富分化悬殊，少数贵族大量聚敛财富，形成特权阶层，走到了邦国时代的边缘和方国时代。陶寺文化中期城址，城址呈圆角长方形，东西长 1800 米，南北宽 1500 米，中期城址总面积为 280 万平方米，在陶寺城址发掘的 4000 平方米，确定了面积为 56 万平方米的陶寺早期小城、下层贵族居住区、宫殿区、东部大型仓储区、中期小城内王族墓地以及祭祀区内的观天象祭祀台基址。

2017 年春季发掘中，考古工作者对疑似东南门址和东南拐角处的侧门进行了扩大发掘，基本确认陶寺文化早期开始挖基槽夯筑城墙，中期继续使用，确认了陶寺遗址宫城的存在。在陶寺类型居住址中发现了很多小型房址，周围有道路、水井、陶窑和较密集的灰坑。房址分地面、半地穴式和窑洞三种，以后两种居多。半地穴式房基平面多作圆角方形，少数呈圆形。长、宽一般在 2～3 米。室内地面涂草拌泥，经压实或焙烧，多数再涂一层白灰面，并用白灰涂墙裙，可见当时白灰已得到广泛应用。居住面中央有柱洞和灶坑。墙面上往往有或大或小的壁龛。有的还在室内一侧设置灶台，灶台后部有连通室外的烟道。窑洞式房址四壁向上弧形内收形成穹窿顶，高约 2 米，平面形制、结构等多与半地穴式房址相仿。水井为圆形，深 13 米以上，近底部有用圆木搭垒起来的护壁木构。陶窑为"横穴式"，窑室直径在 0.7~1 米，有多股平行火道或叶脉状火道。灰坑有筒形、袋形、锅底形等几种。此外，还发现夯土碎块和刻画几何纹的白灰墙皮。

图 2-4　陶寺出土的直口肥足鬲

图 2-5　陶寺出土的陶扁壶

图 2-6　陶寺遗址

遗址出土的生产工具和武器，有石制的斧、锛、凿、铲、刀、镞，骨质的铲、锥、镞，陶纺轮和制陶用具陶拍、陶垫等。扁平长方形石铲数量最多，晚期出现有肩石铲。石铲和木耒是当时两种主要的起土工具，灰坑壁和墓壁上留有它们的痕迹。随葬的陶器有灶、罐、壶、瓶、盆、盘、豆，个别墓有鼎和甗。凡泥质盆、罐、壶、瓶、盘、豆，均施彩绘，都是烧成后着彩，以黑陶衣为底，上施红、白、黄彩；或以红色为底，上施黄、白彩。纹样有圆点、条带、几何形纹、涡纹、云纹、回纹、龙纹、变体动物纹等。斑斓绚丽的彩绘陶器，构成陶寺类型文化一大特色。彩绘蟠龙图形的陶盘，是其中最富特征的器物。这是迄今在中原地区所见蟠龙图像的最早标本。从出土情况判断，龙盘是一种礼器，龙纹则可能是氏族、部落的标志。

炊具主要是陶鬲，其次是部分三足器，没有发现釜灶、鼎、缸；泥制容器中，形制大小不同的圈足罐、折肩罐十分普遍，圈足豆、敞口盆、单耳杯比较多见。

陶寺遗址出土诸多乐器，包括鼍鼓、土鼓、特磬、陶铃、铜铃、陶埙等。鼍鼓和特磬都是迄今所知同类乐器中最早的，这也使鼍鼓与特磬配组的历史从殷商上溯一千多年；陶寺出土的铜铃，是中国已发现最早的金属乐器，该铜铃红色，长 6.3 厘米，高 2.7 厘米，壁厚 0.3 厘米，含铜量为 97.8%。1984 年在陶寺遗址中发现一片扁壶残片，残片断茬周围涂有红色，残片上朱书两个文字，其中的一个字为"文"，另外一个字有"尧""易""命"等多种解释。这个残片上的朱书文字表明，在比殷墟早七八百年的陶寺时期，人们已经开始使用文字，它们的发现对于研究中国文字的起源有着重要的意义。

龙山文化时代陶寺先民过着长期定居的农业生活，掌握了较高的建筑和凿井技术，有发达的农业和畜牧业。饲养的家畜有猪、狗、牛、羊等，以猪为最多，盛行用整猪或猪下颌骨随葬便是例证。制陶、制石、制骨等传统手工业已从农业中分离出来，还产生了木工，彩绘髹饰，玉、石器镶嵌和冶金等新的手工门类。生产的多样化和专业化，使社会产品空前丰富。2015年6月18日，中国社会科学院考古研究所所长王巍在国新办举行的"山西·陶寺遗址发掘成果新闻发布会"上，介绍了对陶寺遗址考古的重大成果，认为：山西省临汾市襄汾县陶寺遗址，就是尧的都城，是最早的"中国"。

瓦店遗址　位于河南省禹州市瓦店村东部和西北部的台地上，是1979年发现的一处新石器时代遗址，主要包含龙山文化的早、中、晚期遗存，并以晚期遗存为主。是龙山文化晚期全国面积最大的人类聚落遗址之一。

这个古城遗址，呈东南、西北走向，长1000余米，宽500余米，城墙外有壕沟，其不远处通过钻探证明是古颍河河道。从这个古城遗址的规模米看，瓦店在龙山文化时期是当时的政治、经济、文化中心。距今4000～5000年，属夏早期。在瓦店西北台地发现大型环壕，其防御是由人工壕沟与天然河流共同构成的。目前所知环壕围成的面积达40万平方米。在瓦店西北台地环壕范围内，在其东部偏南处发现大型夯土建筑基址，在夯土建筑基址中发现用于奠基祭祀的人牲遗骸数具，在"回"字型夯土建筑院落的垫土中亦发现有用于奠基祭祀的人牲遗骸，由此表明该夯土建筑的高等级。瓦店遗址出土遗物丰富且等级高，以列觚（可能为度量衡器）、刻划符号（鸟纹）、白陶或黑陶（蛋壳）或灰陶的成套酒器、玉器等为代表。瓦店遗址发掘与夏早期文化研究关系密切。史书中记载夏人在今河南豫西地区活动甚多，特别是文献中的夏禹、启的记载大多与禹州有关，而且这个地区在古代多有称为夏地者。《史记·货殖列传》曰："颍川、南阳，夏人之居也"①；《汉书·地理志·颍川郡》阳翟县下班固自注："夏禹国"②；《水经注·颍水》记载："颍水自褐东经阳翟县故城北"③；《左传·昭公四年》曰："夏启有钧台之享"④；《水经注》又云："春秋左传曰：夏启有钧台之餐是也。杜预曰：河南阳翟县南有均台"⑤；《帝王世纪》曰："在县西"⑥。

图 2-7　瓦店遗址所在地

有学者指出，今河南禹州地区曾以翟鸟命名，翟鸟以其羽毛鲜艳又称作"夏"，因而此地最早当称作"夏地"，后称作夏翟，至春秋战国时期才又称作栎和阳翟。称栎者，乃翟鸟之异名，称阳翟者，当因古夏、阳二字音、义相近通用之故。清人吴调阳《汉书·地理志详释》云："阳翟，今禹州。注云：夏

① 〔汉〕司马迁. 史记. 北京：中国华侨出版社，2013.
② 〔东汉〕班固著. 赵一生点校. 汉书. 杭州：浙江古籍出版社，2000.
③ 郦道元著. 水经注. 水经注·卷二十二·颍水. 成都：巴蜀书社，1985.
④ 蒋冀骋点校. 左传. 左传·昭公四年. 长沙：岳麓书社，2006.
⑤ 同③
⑥ 皇甫谧. 帝王世纪. 帝王世纪（第三）. 沈阳：辽宁教育出版社，1997.

禹国。"可见禹州是夏禹、启的主要活动地区之一。文献记载的夏禹、启居阳翟，夏启钧台之享的地望就在禹州，自禹、启以来，禹州地区即成为夏人的主要活动地域。在禹州瓦店发现的大型龙山文化晚期遗址，以及重要遗迹和丰富的遗物表明，禹州瓦店遗址有可能即与夏禹、启居阳翟和启之钧台之享有关。

二里头遗址　位于洛阳盆地东部的偃师市境内，遗址上最为丰富的文化遗存属二里头文化，该遗址南临古洛河、北依邙山、背靠黄河，范围包括二里头、圪垱头和四角楼等三个自然村，面积不少于3平方千米。根据众多史料记载，夏都斟鄩的位置大致在伊洛平原地区，洛阳二里头遗址的考古发掘也基本证实了这一点。经碳14测定，二里头遗址绝对年代，在公元前1900年左右，相当于夏代，距今有4000多年的历史，总面积为3.75平方千米。遗存可划分为四个时期。遗址内发现有宫殿、居民区、制陶作坊、铸铜作坊、窖穴、墓葬等遗迹。出土有大量石器、陶器、玉器、铜器、骨角器及蚌器等遗物，其中的青铜爵是目前所知的中国最早的青铜容器。二里头遗址是二里头文化的命名地，并初步被确认为夏代中晚期都城遗址。

汲冢古文云："太康居斟鄩，羿亦居之，桀亦居之。"[1] 羿即后羿，为东方夷族的一个首领，他乘太康无道、夏民怨愤，入居斟鄩，执政，拒太康于外。太康卒，扶仲康即王位，仍居斟鄩。古本《竹书纪年》记载："太康居斟鄩，羿又居之，桀亦居之。"[2] 今本《竹书纪年》又载："仲康即帝位，据斟鄩。"《括地志》云："故鄩城在洛州巩县西南五十八里，盖桀所居也。"[3] "《说文》亦云：鄩，周邑，在巩县"，但"所谓在巩县西南者，《括地志》既云在西南五十八里，检《一统志》河南府卷，巩县在偃师之东微北只五十里，故斟鄩故城实近偃师"[4]。

① 郑杰祥. 夏代都居与二里头文化——严耕望. 夏文化论集（下）. 北京：文物出版社，2002.
② 祥雍编. 古本竹书纪年辑校订补. 上海：上海古籍出版社，2011.
③〔唐〕李泰等著，贺次君辑校. 括地志辑校. 括地志·卷三·洛州·巩县. 北京：中华书局，1980.
④ 同①

二里头遗址的考古发掘已持续了四十多年，遗址内发现的二里头文化遗迹有宫殿建筑基址、平民居住址、手工业作坊遗址、墓葬和窖穴等；出土的器物有铜器、陶器、玉器、象牙器、骨器、漆器、石器、蚌器等。遗址的中部发现有 30 多座夯土建筑基址，是迄今为止中国发现的最早的宫殿建筑基址群。其中，最大的两座已正式发掘。宏伟的 1 号宫殿建筑基址平面略呈正方形，东西长 108 米，南北宽 100 米，高 0.8 米，面积达 1 万多平方米。根据出土的遗迹现象，可以将 1 号宫殿建筑基址的主殿复原成一个"四阿重屋"式的殿堂，殿前有数百平方米的广庭。基址四周有回廊。大门位于南墙的中部，其间有 3 条通道。这样的宫殿建筑只有掌握了大量劳动力的统治者才能建成。由此也可证明，当时的生产力水平已经达到了相当高的程度。二里头遗址的宫殿建筑，虽时代较早，但其形制和结构都已经比较完善，其建筑格局为后世所沿用，开创了中国古代宫殿建筑的先河。

在二里头遗址上，考古人员还发现了中国最早的城市主干道网，大路最宽处 20 米左右，相当于现代的 4 车道公路；发现了中国最早的车辙。由此也可以知道，在夏代中原地区已有用车传统。纵横交错的中心区道路网、方正规矩的宫城和具有中轴线规划的建筑基址群，表明二里头遗址是一处经缜密规划、布局严整的大型都邑。它是迄今可以确认的最早的具有明确规划且后世中国古代都城的营建规制与其一脉相承的都邑遗址，其布局开中国古代都城规划制度的先河，许多形制为后世所沿用。二里头遗址中的手工业作坊，包括铸铜、制玉、制石 、制骨、制陶等作坊遗址，清理出大量青铜器、玉器、骨器、陶器制品。其中青铜爵、青铜斝形制古朴庄重，这是中国发现最早的青铜容器，用合范法铸造。这些青铜器的铸造，标志着中国青铜器铸造进入了新纪元。这里出土的青铜器是中国最早的一批青铜器，也是世界上最早的青铜器。

图 2-8　二里头遗址

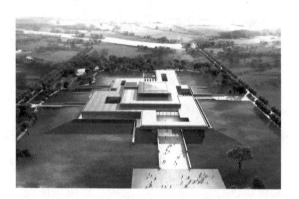

图 2-9　二里头遗址中的夏朝宫殿复原

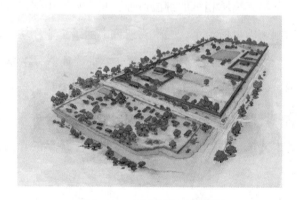

图 2-10　二里头遗址场景图

图 2-11　二里头出土的青铜爵

　　二里头遗址中还出土了数件镶嵌绿松石的兽面铜牌饰，制作精美，表现出极其熟练的镶嵌技术，是中国最早的铜镶玉石制品，也是不可多得的艺术珍品。其他铜器还有生产工具刀、锛、凿等；武器戈、戚、镞等；乐器铃等。二里头遗址的玉器数量丰富，风格独具，器形有圭、璋、琮、钺、刀和柄形饰等，多为礼器。二里头遗址的发现和发掘具有十分重要的意义，因为它处在从多元文化到一体的历史转折点上，是中国形成并进入一个新时代的标志。

第二节　中心区域外的文明现象

在夏代的中心区域之外，以甘肃为中心地区的齐家文化，巴蜀地区的三星堆文化，东南沿海的良渚文化也表现出了与中原地区的水平相当，甚至高于中原地区的社会文化现象。虽然此后三星堆、良渚、齐家文化或融入中原文明中，或遗失在历史的长河中，也都难掩它们的光辉所在。

齐家文化遗址　齐家文化是以中国甘肃为中心地区的新石器时代晚期文化，其名称来自其主要遗址甘肃省广河县齐家坪遗址。分布在甘肃、青海省境内的黄河及其支流沿岸阶地上。共发现遗址 350 多处。时间跨度为公元前 2200～前 1600 年。居民经营农业，种植粟等作物，收割谷物用的石刀、石镰多

图 2-12　齐家文化遗址

磨光穿孔；石磨盘、石磨棒、石杵等用于加工谷物。饲养猪、羊、狗与大牲畜牛、马等。制陶业发达，制陶工匠已掌握了氧化焰和还原焰的烧窑技术；双大耳罐、高领折肩罐和镂孔豆等为典型器物。纺织业有了长足发展，在居址中、墓葬里普遍发现大批陶、石纺轮及骨针等纺织缝纫工具。有的墓葬人骨架上、陶罐上有布纹的印痕。已出现冶铜业，有铜刀、锥、镜、指环等一类小型红铜器或青铜器。住房多是方形或长方形的半地穴式建筑，屋内地面涂一层白灰面，光洁坚实。氏族公共墓地常位于居住区附近，流行长方形土坑墓，有单人

葬，也有合葬，以陶器与猪下颌骨等为随葬品。出现一男一女或一男二女的成年男女合葬墓，其葬式是男性仰身直肢，女性侧身屈肢面向男子。这表明当时男子在社会上居于统治地位，女子降至从属境地。

齐家文化的喇家遗址位于黄河上游的青海省民和县官亭镇喇家村，主要为齐家文化中晚期遗存，是一处新石器时代的巨大聚落，抑或是一个遥远的城邦古国。尤其是已发掘出非自然性死亡人体遗骸，是迄今为止发现的我国唯一一处大型灾难遗址。考古学家认为：引起喇家遗址灾难的是一场地震，而摧毁聚落的是随后而来的山洪和黄河大洪水。遗址中心区外围有一条壕沟，沟宽10米、深3~4米，沟环绕呈长方形，长600米、宽200米，其内有成排的半地穴房址。已发掘3座，地面、四壁用白灰抹平，圆形灶坑，房内有2~14人，还出土了陶、石、玉器成品及半成品、玉料等。喇家遗址的一个重要收获是发现了结构相当完整的窑洞式建筑遗迹，明确了窑洞式建筑应当是齐家文化的主要建筑形式这一长期困扰学术界的问题。另外，从分布面积、遗迹规模及反映社会等级制度的文物来看，喇家遗址是官亭盆地齐家文化时期的一个中心聚落，抑或是部落王国的所在地。它以种植业（粟）为主要经济来源，有发达的制陶、制石、制骨等手工业，更有制作精美玉器的作坊。

2002年发掘中，在20号房址地面出土了一碗面条状遗物。据发掘该探方的青海省文物考古研究所蔡林海介绍，出土时，红陶碗倒扣于地面上，碗里积满了泥土，在揭开陶碗时，发现碗里原来存有遗物，直观看来，像是面条状的食物。但是已经风化，只有像蝉翼一样薄薄的表皮尚存，不过面条的卷曲缠绕的原状还依然保持着一定形态。面条全部附着在后来渗进陶碗里的泥土之上，泥土使陶碗密封起来，陶碗倒扣，因此有条件保存下来。但是，关于喇家面条的真实成分，尚存质疑，一般认为粟缺乏面筋蛋白，不适于用传统拉伸方法制作面条。

三星堆文化遗址　三星堆位于四川省广汉市南兴镇。1980年11月至1981年5月的发掘，发现房屋基址18座、灰坑3个、墓葬4座、玉石器110多件、陶器 70 多件及 10 万多件陶片。年代上限距今 4500±150 年，大致延续至距今 3000 年左右，即从新石器时代晚期至相当中原夏、商时期。最具震撼力的发现是 1986 年夏相继发现的两个"祭祀坑"和 20 世纪 80 年代末至 90 年代初发掘并确认的三星堆古城址的东、西、南三面城墙。从文化内涵上看，1986 年以前所提出的三星堆文化概念，通常把它作为早期蜀文化看待，还认识不到它是一个古代文明的概念。两个"祭祀坑"发现后，出土上千件青铜器、金器、玉石器、象牙以及数千枚海贝，加上后来发现的三星堆古城址，这些重大考古新发现立即突破了以前的认识，使学术界最终充分认识到，三星堆文化（不包括三星堆遗址一期文化）是一个拥有青铜器、城市、文字符号和大型礼仪建筑的灿烂的古代文明。三星堆文化是夏人的一支从长江中游经三峡西迁成都平原、征服当地土著文化后形成的，同时西迁的还有鄂西川东峡区的土著民族。以后的二里岗期商文化也是通过这样的传播路线与三星堆文化发生联系。

三星堆遗址区域的面积，据 1980 年 5 月至 1981 年 5 月的发掘报告，"不少于四万平方米"，说明它不是一般的村落遗址。所谓三星堆，像是夯土城墙拐角处的残垣。一个古城的西垣、北垣和东垣的夯土残垣。三星堆似是其西南角。1934 年华西大学博物馆发掘的月亮湾遗址，是在城内的北部。后来发掘的两个祭祀坑，是在南垣外的不远处。据东垣残垣断面所示，城墙的中间是由若干层平铺夯土筑成的主垣，内外两侧又各有斜行夯土支撑中间的主垣。这同郑州商城及湖北黄陂盘龙城的筑城方法非常相似，而在中原地区，这种筑城法最迟至东周时期已经消失。整个遗址区文化层的分布范围，又恰恰在城圈之内。把这种现象结合两个祭祀坑内出土遗物的年代及其高贵规格来分析，这里当是一座古蜀国的王都遗址。

三星堆祭祀坑的大量出土物中，最引人注目的是两棵大铜树和一个大型铜人立像。这不仅是因为它们形体高大，形象奇特，更在于其含义难明，可以引起很多遐想。有学者认为这都是当时土地崇拜的体现物。三星堆祭祀坑中又出了多种形态的铜质人头像，表现出当时蜀人信仰多种神祇。但上述大型铜树和大型铜人立像无疑最为突出，由此可知在蜀人的多种信仰中，土地崇拜占有最重要的地位。

图 2-13　三星堆文明中的青铜面具

就三星堆文化与夏、商文化的关系而言，多认为是夏文化或商文化的传播，或其分支。学者们一致认为三星堆文化陶器、封口盉、鬶、瓠、高柄豆、铜牌饰、铜铃、玉戈、玉璋等都与夏文化有渊源关系，而且后者是源，前者为受后者影响所致。如果撇开两者可能存在的深层次关系不谈，仅从三星堆文化与夏文化之间表层的文化传播关系来说，夏文化是传播主体，三星堆文化是受体。地理概念上是从中原地区流向成都平原。三星堆文化是从蚕丛、柏灌、鱼凫到杜宇、开明等历代蜀王世系所代表的不同经济时代的都邑文化的集中体现，提供了典型的古蜀城邦国家文化特征的识别体系，填补了巴蜀城市文明早期起源和发展史的空白。

良渚文化遗址　2019 年 7 月 6 日，中国良渚古城遗址在阿塞拜疆巴库举行的世界遗产大会上获准列入世界遗产名录。距今 5300～4000 年的良渚遗址区内有一座面积 290 万平方米的古城，其年代不晚于良渚文化晚期。考古学家指出，这是长江中下游地区首次发现的良渚文化时期的城址，也是至今所发现的同时代中国最大的城址。这座古城东西长 1500～1700 米，南北长 1800～1900 米，略呈圆角长方形，正南北方向。城墙部分地段残高 4 米多，做法考究：底部先垫石块，宽度达 40~60 米。良渚古城总土方量超过 700 万立方米，古城外围水坝工程总土方量超过 288 万立方米，如此浩大的工程需要高度集权、精心规划、统筹组织、长期营建才能完成，这是良渚社会进入文明阶段的重要标志。良渚有发达的稻作农业，生产规模大，生产工具呈现多样化和专业化，已普遍使用犁耕。仅在余杭茅山遗址就发现了总面积达 55000 平方米的良渚文化稻田。粮食产量也较高，在莫角山南面池中寺台地发现的一处仓储区就有 20 多万斤的炭化稻谷。良渚有门类齐全的手工业。在玉石制作、制陶、漆木作、竹器编织、丝麻纺织等技艺上都达到较高水平。尤其是以琮、璧、钺为代表的玉器，其品质、数量、体量、种类以及雕琢工艺达到了中国史前治玉水平的一个高峰，形成了玉礼制度，影响深远。良渚文化时期的城址发掘是中华文明探源工程的一项课题，它关系到国家的起源。良渚古城遗址为实证中华 5000 多年文明提供了无可辩驳的实物依据和确凿的学术支撑。

第三节　社会分工和手工业的发展

从现有的遗址发掘和考古成果来看，夏代的社会分工已经形成，养殖业、种植业、手工业体系的框架基本确立，工具制造、陶器制造、铜器制造、玉器制造、烹饪制作包括酿酒等都得到发展和进步。夏王朝的中心和各个部落、邦国均在所生存、影响的区域内走向新的社会文明形态。

夏代的养殖业虽然还不具备较高的水准，但在各个城邦遗址均有养殖的区域，并有称作"虞人"的专人掌管。甚至已经掌握了如何根据家畜的外形，择优繁育。夏启也曾经在讨伐甘地的有扈氏之后将其族众罚为"牧竖"，强迫他们"牧夫牛羊"。这说明，当年的甘地（如今河南原阳一带）成为夏王朝的牧区。根据现有的出土材料判断，夏代蓄养和放牧的主要动物为豚、马、牛、羊、鹿、犬。其中以豚为最多。养殖业的发展也促进了种植业的发展。蓄养和放牧都不能仅仅依靠野生植物，所以，正如恩格斯所云："……禾谷类植物的耕种，首先是由于家畜对饲料的需要而引起的，而仅在以后才变为人类营养上重要的东西。"当然，就中国农业产生的发展历程来看，从神农尝百草开始确定的膳食结构，决定了服务于人类的需求应是最重要的因素。

在种植业方面，根据二里头文化的考古发现，夏代豫西、晋南、陕西等地的农作物主要为粟、黍、麻、菽。根据《史记·周本纪》记载，尧时便有麻、菽的种植。麻不但可食用，亦是织物所用纤维。仰韶文化陶器底部常发现的布纹，便被认为是大麻布。山西陶寺文化遗址和浙江良渚文化遗址等都出土过麻织物。水稻则是在豫南、淮河流域、长江流域及其以南的地区普遍种植，一般为籼稻和粳稻。豫西和晋南未有发现。蔬菜类尚无确证。但仰韶文化时期的陕西半坡遗址有菜籽的出土，应为菘或荠，故夏代的蔬菜类也应有此，还应有芹、韭、薤之类。此时的农具主要由石器构成，如石铲、石镰。亦有蚌铲、骨铲、蚌镰和木制耒、耜等。夏代种植业的发展得益于对物候的认识和利用及历法的出现。水利系统的建设也是夏代种植业发展的重要因素。夏代可能颁布过历法，战国时期流行的历书——《夏小正》，被认为就是夏代的历书。《夏小正》中每个月都有一定的农事活动，对一年 12 个月的农事活动做了全面安排。如每年正月要初岁祭耒、农纬厥耒、农率均田，意为准备农具，开始春耕。二月要往耰黍蝉，三月为麦祈实，五月种黍、菽、糜；七月粟熟。除农事之外，还有家畜饲养及其他活动的安排，如正月孵小鸡、菜园见韭菜，二月饲养小羊、采白蒿，三月采桑、养蚕，十一月狩猎，十二月捕鱼等。书中有些内容属后人增添，但也还是反映了夏代的历法知识和生产水平。在水利方面，有大禹治水的传统，夏代已有农田的排灌沟渠，《论语·泰伯》说禹"尽力乎沟洫"①，《史记·夏本纪》则说禹"浚畎浍致之川"②，畎浍，田间沟也，而疏浚田间畎浍使之达于河流，就是排与灌兼有。与大禹一起治水的伯益发明了凿井（《世本·作篇》："化益作井"）。化益，伯益也（《周易·释文》，《初学记》七，《预览》一八九引"伯益作井"。宋衷曰："化益，伯益也，尧臣"）③。河南洛阳的矬李曾经发现龙山文化晚期的水沟和水井，便是一证。

夏代已进入阶级社会，统治中心的确立和各个区域邦国、部落的臣服与战争改变了社会关系，逐步趋向定居的社会群体的人口增长率也在提升，人口总量增加。以奴隶为主要成分的劳动力增加，大大提升了社会生产力水平，带来社会总体财富的增加。在这样的基础之上，社会分工细化、贡赋和产品交换必然带来各个手工业门类的发展。"只有奴隶制方能使农业和工业之间的多多少

---

① 臧知非注说. 论语. 开封：河南大学出版社，2008.
② 张大可，丁德科通解. 史记通解（第 1 册）. 史记十二本纪. 北京：商务印书馆，2015.
③ 〔汉〕宋衷著. 世本. 长春：时代文艺出版社，2008.

少大规模的分工，成为可能"、"这种奴隶制的引用，在那时的条件之下，是一种大的进步"①。

工具制造：种植业的生产工具，其器类主要是镰、刀、斧、铲，质料以石器为主，有的石铲用硬度强的玉石做成。亦有骨器、蚌器。在垦植工具中有木制的耒耜。加工谷物的工具主要为石磨盘、石磨棒、石杵。夏代晚期亦有青铜工具的出现，主要为刀、钻、锥、凿、锛、鱼钩。

陶器制造：《说文解字》把壶解释为"昆吾圜器也"②。二里头各个遗址多有制陶作坊所在，并出土了种类繁多的陶器。在炊器方面以四足方鼎、深腹罐、袋足鬲、锥足鬲为多。食器、盛器以深腹盆、三足盘、平底盘、豆为多。酒器以觚、爵、盉三种器型为主。较为讲究的陶器纹饰多为云雷纹、曲折纹、叶脉纹和动物形纹。

图 2-14 夏代圈足盘

---

① 恩格斯. 反杜林论. 反杜林论·第二编·暴力论下. 北京：生活·读书·新知三联书店，1950.

② 〔汉〕许慎. 说文解字（附检字）. 北京：中华书局，1990.

图 2-15　夏代黑陶壶形盉

铜器制造：夏代开始进入青铜时代，周代认为周室九鼎为夏初所铸，所谓"禹收九牧之金，铸九鼎，象九州"。是令九州的地方首领（九牧）征敛青铜，贡献于夏王室，然后把各地的物象铸于鼎上，象征天下一统。由于陶器的制造和铜器的冶铸技术有极大的关联性，故昆吾同时又是夏代的青铜制造中心。在二里头类型晚期的遗址中，出土不少铜器和铜渣、陶范、坩埚残片，但早期极少出现。经对部分铜器的检验，其成分平均含铜 91.85%、锡 5.55%、铅 1.19%，工艺较为原始，但已属青铜范畴。目前出土的夏代青铜器有工具、武器、礼乐器、饮食（酒）器、炊器。工具中有刀、钻、锥、凿、锛、鱼钩，器小而薄，造型简陋。武器有镞、戈、钺，礼器为铜铃，酒器为爵、斝，炊器为鼎。

图 2-16　窄流平底铜爵

　　烹饪制作：烹饪制作包括食物和酒类。进入夏代以后，食物的加工和酿酒已初步成为职业体系。这一是因为统治阶层的形成，需要专业的饮食供应；二是大规模的社会分工所产生的饮食需求；三是生产力水平的提高，种植业、养殖业已经能够提供相对充足的原料保证。夏启开国，便在钧台（河南禹州）宴会诸侯；夏桀则"为酒池，可以运舟，一鼓而牛饮者三千人"[1]，均离不开专业的技术支持。而夏代的种养殖业也已经能够提供制酒、烹饪所需。虽然，裴李岗文化的河南舞阳贾湖遗址已有酒的出现，但真正实现规模化的生产，还是入夏以后。可以说《世本》载夏代"杜康造酒"，"少康作秫酒"[2] 是统治中心主导制酒的真实记载。在上述之外，夏代的手工业还有纺织物制作、房屋建筑、木器制作、车辆制作、骨器制作、玉器加工等都有相当的进步。但玉器

---

　　① 〔西汉〕刘向编撰．张涛译注．列女传译注．列女传卷七·孽嬖传一：夏桀末喜．济南：山东大学出版社，1990.

　　② 〔汉〕宋衷．世本．世本·作篇．长春：时代文艺出版社，2008.

的制作水平远高于同期的陶器、铜器，如二里头遗址出土的铜镶玉制品具有极高的工艺水平，令人赞叹与不解。

总之，夏代比新石器时代晚期手工业有进一步的发展，诸多手工业部门日益专业化，这种专业化、多样化促进了分工的进一步细化，促进了交换和商品的出现，促进了私有财产的产生。但夏代的交换多数还是以物易物的形式，《盐铁论·错币第四》记载："夏后以玄贝"①，认为夏朝使用贝币作为一般等价物。虽然世界诸多早期文明都以天然贝蚌作为货币，但前提是必须具备足够的数量并有长期供应的渠道。而夏代初期的势力范围局限于黄河中下游，中晚期才扩张到黄海之滨，又长期与东方夷族敌对，难以存储大量的贝蚌。故二里头遗址所发现的天然海贝、蚌贝，以及骨贝、石贝、铜贝等人造贝，可能作为货币使用，亦可能是统治者的财富积累。

图 2-17　夏代带錾陶鬲

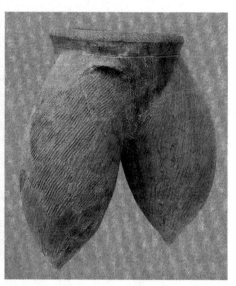

图 2-18　夏代陶鬲

① 李敖. 礼记·康济录·盐铁论. 天津：天津古籍出版社，2016.

第四节　青铜器与烹饪技术进步

现今尚无根据确认华夏一脉是如何掌握铜的开采和冶炼技术的，但从夏代开始进入青铜器时代却是毫无疑问的。虽然其青铜器尚处于较为原始的阶段。从目前的考古结果看，以二里头文化为代表的夏代各个文化遗址并无大量的青铜器出土。但这只是说明，夏代的烹饪技术体系仍旧处在新石器时代晚期的范畴内。可青铜器的出现必然会带来烹饪技术的发展变化，为此后青铜器的大量应用提供技术路径，也给整个社会及烹饪活动带来新的趋向。

夏代的青铜器一般分为四类：一是青铜工具，二是武器，三是礼乐器，四是饮食器及炊器。青铜的工具和武器对于捕获和分割猎物与家畜而言是极大的进步，相对于石刀、骨刀，青铜刀具能够完成过去不能完成的切割，能更精细、更准确地完成烹饪前的分档取料。这就使得原本因体积原因无法烹煮的动物性原料得以熟制。青铜礼乐器除铜铃外尚无其他器物出土，虽然不能排除以后它物出土的可能，但主要原因还是夏代尚未形成以青铜器为主体的礼乐制度。饮食器与酒器也只有爵和斝面世，且数量稀少。这有几种可能，一是城池迁徙，王朝更迭造成遗失、毁弃或重铸，二是铜的开采和冶炼不能满足需要，三是夏代使用青铜饮食器尚未形成制度。炊器更为稀少，更佐证陶器仍然是夏代炊器的主体。尽管如此，青铜工具所开创的、更精细的加工会成为烹饪原料处理的方向。而青铜器替代陶器作为炊器使用以后，器型增大而使容积增加，并能耐受更高的温度和冷热的急剧变化，从而提高了主要是动物性原料的烹饪质量，拓展了动物性原料的制作方法，使原本不能或难以利用的骨骼、筋皮等得以利用，促成了动物性脂肪的提炼，提升了动物性原料利用的深度和广度。尤其是青铜炊器体积的不断增大，逐步改变了炊食共器的做法，加速了烹饪活动从个体行为变为更多职业行为的进程。促成了更大规模、更高文明程度的饮食聚餐活动，并使这种活动成为统治阶层的政治和社会需要，为最终形成饮食礼仪制度奠定了基础。

　　夏代的烹饪技术虽然处于新石器时代的范畴内，但在统治阶层的推动作用下，处于更成熟的阶段。社会中下层的烹饪活动仍主要依赖火烤、炭炙、灰煨、石烙、石烹，少有陶烹。这可以从诸多文化遗址的墓葬中看出，奴隶层面是裸葬，一般庶民则是数量极少的陶器陪葬。而统治阶层则是有成套的大量的陶器陪葬。这说明，陶器作为炊器、食器是整个统治阶层饮食生活的标配。而以陶器为炊器的烙、煮、蒸是最主要的烹饪方法。在煮的技法上，又有陶鼎煮肉、陶鬲煮粥的区分。在酒的酿造上，因统治阶层掌握了大量的粮食储备，靠被动发酵产生的植物果实酒浆，逐步被主动发酵的谷物类酒浆取代。酿造技术已经趋于完备。

第五节 烹饪种类与品种

根据新石器时代晚期和夏代各个二里头时期文化遗址与出土文物及烹饪技术水平判断，夏代的烹饪可分为以下几个种类。

炙烤类：炙烤类的食物在进入夏代以后发生显著的变化。首先，各个定居点篝火围烤的情况减少，各类火塘依然存在，但更多的是炭炙。中下层庶民仍会将动物性、植物性原料烤制，而统治阶层因已有专业的烹饪服务，此类技法的使用在减少。

灰煨类：在各定居点的居住单元中，火塘、地灶的存在使灰煨仍旧成为各类动植物原料的熟制手段。但统治阶层的专业烹饪则少有使用。

烙类：目前无相应的青铜炊器出土，故夏代仍旧使用陶烙烹制谷物类。各遗址虽无陶鏊的出土，但可确信此类技法存在于职业的技术体系之内。而石烙已经不适宜在房屋内由专业人员操作，只会存在于中下层庶民在特定的环境下使用。

煮类：夏代仍旧使用陶器煮制各类动植物性原料。虽有罐、鼎、鬲的存在，但二里头文化的各个遗址出土陶罐的数量居多，由此判断夏代多用陶罐煮，鼎、鬲可能多作为饮食器或者是在聚餐的场合以鼎煮肉、鬲煮粥。而青铜鼎的出现使动物性原料的煮得到提升，虽然这仅限于统治阶层使用。

图 2-19　夏代陶鼎

蒸类：夏代的陶甗出土不多，但陶鬲的存在和陶甑的配合仍会在烹饪技术体系内使用。这当然主要是为统治阶层服务的需要，盖因这个阶层是干饭和蒸制肉类的主要消费者。

图 2-20　夏代陶鬲

图 2-21　夏代灰陶甑

酿造类：通过近千年的技术积累，到了夏代酿造技术已经相当完备。酒、浆、醯（醋）、酱的制作也由原本的以果蔬类原料为主而过渡到以谷物原料为主，动物性原料也仍在酱类中使用。酒、酱的消费对象亦是以统治阶层为主。

按照以上的烹饪技术分类，烹饪职业体系能为社会提供的食物品种大体分为烤肉、炙鸡、炙鱼、煨鸡、煨鱼、煨薯蓣、饼、粥、肉羹、饭、蒸肉、酒、浆、醋、酱。齐家文化青海喇家遗址出土的面条尚难确认，从其形制看，条形匀称、直径在两三毫米，如果粟、麦、稻能磨成细粉状，加入黏性、碱性的植物汁液，拌和成团状，再制成条状后，便能不用拉伸而靠揉搓成形，再经沸汤、沸羹煮制定型。即便直接以水成团，技术使用得当，也有可能。但喇家遗址无相应的加工细粉的石磨出土，夏代中心区域也无类似的磨制设备出土。如非细粉，颗粒稍粗，但原料黏性较大，或再加黏性、碱性的植物汁液拌和成团，靠挤压也能出条，如后世的饸饹。可喇家遗址和整个齐家文化范围内的遗址及夏代的中心区域内均无类似的工具、设备出土。故暂且存疑，待新的出土文物或其他证据出现。

第六节　筵　席

　　筵席是后世形成的、中国独有的、以某种目的所举行的配以成套食物，并以饮酒为中心的聚餐活动。筵和席均为坐具，一人一席，筵在下、席在上，筵周长丈二、席周长八尺。后世常根据阶层、等级来确定席数和席次。

图 2-22　折腹盆

图 2-23 陶 盘

图 2-24 单耳壶

图 2-25　高足盘

据《周礼·春官·序官》载："司几筵下士二人。"郑玄注："铺陈曰筵，藉之曰席。"贾公彦疏："设席之法，先设者皆言筵，后加者为席。"孙诒让正义："筵长席短，筵铺陈于下，席在上，为人所坐藉。"中国最早记载的类似活动是夏代夏启的钧台之享。《左传·昭公四年》载："夏启有钧台之享，"[①]杜注："河南阳翟县南有钧台陂。"阳翟即今河南禹州，《水经注》载："河南阳翟县有夏亭城，夏禹始封于此，为夏国。"[②]《竹书纪年》载："夏禹之子夏启，即位夏邑，大享诸侯于钧台，诸侯从之。"此记载虽为孤证，但当年之遗址仍在河南禹州城南，龙山文化晚期的瓦店遗址则佐证了夏最早曾立国于禹州和享于钧台。瓦店的古城遗址之规模和出土的陶鼎、罐、甑、斝、鬶、觚、瓮、豆、圈足盘、罍、石刀及玉鸟、玉璧、玉铲等均可资证。钧台之享能称为享，是餐饮和宴乐的结合。夏代初年，火塘聚餐尚有大范围的存在，但临火烧烤可能还是在较低阶层和非正式的场合呈现。而作为立国、立朝，昭告天下的最高层次的正式聚会，是必须"铺筵席、陈樽俎、列笾豆"的。在乐舞方面，

①　蒋冀骋点校．左传．左传·昭公四年．长沙：岳麓书社，2006.
②　郦道元．水经注校证．北京：中华书局，2007.

现今尚无证据可做具体的设想，但《山海经·海外西经》中有夏启"左手操翳，右手操环，佩玉璜"①的说法，贾湖又有骨笛的出土，故舞乐毫无疑问是有的。只是不知其形式和内容如何。

图 2-26　古钧台

　　总之，根据目前所占有的各方面资料而言，钧台之享是中国筵席的滥觞。类似的聚餐活动或有，但夏启的钧台之享则毫无疑问是夏代第一席。因为自此中国社会进入阶级社会，而筵席也自此开始成为统治阶层政治和生活的需要与工具，并长期成为筵席的作用和属性所在。

---

①　方韬注释. 山海经. 北京：中华书局，2009.

本章结语

　　夏代是中国阶级社会的开端。"《虞人之箴》曰：'茫茫禹迹、画为九州'"①，而夏启立国，使河南西部的伊河、洛河、汝河、颍水流域及山西南部的涑水、汾水下游首次成为一统中国的政治、经济、文化中心。并从此具备了超越同时代其他地区社会经济、文化发展的优势。而夏代阶级的形成、生产关系的变化，大大促进了生产力的发展。

　　由此造成的财富的积累、社会的分工、手工业的发达及陶器的成熟、铜器的面世，推动了烹饪技术的进步和诸多品种的定型，使中国烹饪初步形成了职业的、技术的体系。也是因阶级社会的基础和因素所在，赋予了中国烹饪和其代表性作品中国筵席强烈的阶级属性，这具有划时代的、标识性的意义。

---

① 〔战国〕左丘明著．〔晋〕杜预注．左传（上）．左传·襄公四年．上海：上海古籍出版社，2016.

第三章　商

（公元前 1600 年—公元前 1046 年）

第一节 商的兴起

商，是中国第一个有直接的同时期的文字记载的朝代。一般而言，商从兴起到代夏再到灭亡分为三个阶段。一是"先商"，二是"早商"，三是"晚商"，前后相传 17 世 31 王，延续 500 余年。

据《史记·殷本纪》记载："有娀氏之女，为帝喾次妃。三人行浴，见玄鸟堕其卵，简狄取吞之，因孕生契。"① 故，商人便以玄鸟为图腾。帝尧时期，契被封为玄王。帝舜时期，契助禹治水有功，被封于商邑（今河南商丘），建立商国。夏代中叶，商国逐步强盛起来。至夏末，契第十四代孙汤时，商已兴起成为东方一个比较强大的方国，此为先商阶段。

商汤灭夏前，将商国的国都由商丘（今河南省商丘市商丘古城附近）迁至亳（今河南省虞城县谷熟镇西南 35 里）。并在亳积蓄力量，为伐夏创造条件。公元前 1600 年，商汤起兵伐夏，并在鸣条（今山西省安邑县）全歼夏军，夏桀出逃，夏亡。商汤返回亳都，以"商"作为国号，建立商朝。商汤立国以后至盘庚迁殷前，曾多次迁都。东汉张衡在《西京赋》中概括说："殷人屡迁，前八而后五。"所谓"前八"，是成汤立国以前商族的八次迁徙，"后五"是成汤立国以后的五次迁都。"前八"的迁徙是商族社会向国家过渡阶段的适应性迁徙。"后五"则是为国家的政治需要。《竹书纪年》记载，商王仲

---

① 〔西汉〕司马迁.史记.史记·殷本纪第三.哈尔滨：北方文艺出版社，2007.

丁自亳迁于嚣①、河亶甲自嚣迁于相②。祖乙"自相迁于耿""自耿迁于庇"（出处同上）迁庇、南庚"自庇迁于奄"③ 这个时期是早商阶段。公元前1300年，盘庚继位后由奄（今山东省曲阜市）迁都至殷（今河南省安阳市）④，这个时期是所谓晚商阶段。盘庚迁殷以后，商的国势上升，武丁继位后，政治、经济、文化得到空前发展，达到了商代的鼎盛阶段，史称"武丁中兴"。

据《史记·殷本纪》记载，"成汤，自契至汤八迁，汤始居亳。从先王居，作《帝诰》。"⑤ 八迁的地点，历来说法不一。大体在黄河中下游地区，不出河南省北、中部和河北省西南部范围。有观点认为郑州商城遗址、偃师商城遗址是汤都西亳。灭夏后，自亳至殷，根据《中国历史地图集》和《中国史稿地图集》的考订，共有七个都城，即亳、嚣（隞都）、相、邢、庇、奄、殷（殷墟）⑥，而朝歌作为最后都城之地位，尚存争议。自此至帝辛（纣）亡国共273年，国号为殷，也称作殷代，因此，整个商代也称为商殷或殷商。

商代的势力范围远超夏代。武丁中兴时期，商王朝利用自己强大的政治、经济、军事能力，对四周方国进行了一系列的战争。通过战争，商王朝进一步增强了国力，加强了中原地区与四方的关系，开展了经济、文化的交流。《史记·吴起列传》所载商的疆域为"左孟门，右太行，常山在其北，大河经其南"⑦。其疆域，北到辽宁，南到湖北，西到陕西，东到海滨。包括湖北、河南、安徽、山东、河北、山西、京津、江苏、陕西，以及辽宁、甘肃、湖南、浙江、四川的一部分。但这个疆域仅是大致的势力范围，能直接控制的主要是今河南省的北部和中部。其他则是将四方的诸侯邦国纳入统治势力范围，这就促进了多民族统一国家的形成。

---

① 〔梁〕沈约注．〔清〕洪颐煊校．竹书纪年．竹书纪年·卷上．北京：商务印书馆，1937.

② 同①

③ 同①

④ 同①

⑤ 〔西汉〕司马迁．史记．史记·殷本纪第三．哈尔滨：北方文艺出版社，2007.

⑥ 顾颉刚，章巽编．中国历史地图集·古代史部分．北京：地图出版社，1995.

⑦ 司马迁．史记．北京：中华书局，2006.

第二节　商代社会

对商代社会的认识，除却甲骨文和后世史书的记载外，已发现并定性的各个商的都城遗址也是重要的佐证。这其中，郑州商城遗址、偃师商城遗址和安阳殷墟遗址具有代表性。在都城之外的四方邦国中，湖北黄陂的盘龙城遗址则具有代表性。

一、郑州商城遗址

郑州商城遗址是商代早中期的都城遗址，位于河南省郑州市管城区内，即今河南省郑州市区偏东部的郑县旧城及北关一带。郑州商城平面为长方形。城墙周长 6960 米，有 11 个缺口，其中有的可能是城门，城内东北部有宫殿区，发现宫殿基址多处，其中心有用石板砌筑的人工蓄水设施。城中还有小型房址和水井遗址。城内还发现许多农业生产工具。由此推测，在郑州商城内可能有若干空地进行农业种植。城外有居民区、墓地、铸铜遗址及制陶制骨作坊址等。小型墓的随葬品以陶器为主；中型墓多随葬青铜礼器、玉石器及象牙器，一座墓中有殉人。在南城外侧还发现一段外郭城墙。此外，发现两处铜器窖藏，内有方鼎及圆鼎、提梁卣、牛首尊等。在城内出土的数以万计的文物中，最珍贵者如玉戈、玉铲、玉璋、玛瑙等玉器，有相当高的工艺水平。夔龙纹金箔，十分罕见。其中一件完整的原始青釉瓷尊，高 27 厘米，轮制，饰席纹和篮纹，胎质呈灰白色，细腻坚硬，器表遍施光亮晶莹的黄绿色釉。这件原始瓷尊的出土把我国的制瓷历史上溯到 3000 年前。460 多枚穿孔贝是当时使用的货币。并有吹奏乐器枣石埙和陶埙。20 世纪 70 年代，在对东城墙进行横断解剖时，从堆砌叠压在城墙内侧近底根处的文化层中，发掘到时人烧用过的木炭，经碳 14 测定并经树轮校正确认，这些遗物年代为公元前 1620±135 年至公元前 1696±136 年，郑州商城碳 14 测年数据则为公元前 1509 至前 1465 年。同时在郑州商城遗址所出土大量自东周以来带有"亳"字的陶文和商代牛肋骨刻辞所存"乇"字，构成商代至东周时期"乇（亳）"声地名链。因此，郑州商城被确为仲丁所迁都的隞都。

图 3-1 郑州商城遗址

二、偃师商城遗址

偃师商城遗址位于今河南省偃师市市区西部，北依邙山，南临洛河，该城址平面大体为"菜刀形"，南北长 1700 多米、东西"刀身"宽 1200 多米，"刀把"处宽 740 米，总面积近 200 万平方米。城墙遗址基本保存完整。城址内有大城、小城、宫城三重城垣。大城四周城墙均已发现，皆埋在今地表之下，残高一般在 1.5~3 米；已发现城门多座，城外有护城河；小城位于大城内西南部，其西城墙、南城墙与大城西城墙、南城墙重合；宫城位于小城中央偏南。宫城的中南部为宫殿建筑遗址，约占宫城的三分之二。大体分为东西两区：东区主要为宗庙建筑；西区为一座互相联通的三进院落组成的宫殿建筑群，应是施政、处理国家大事的建筑，即所谓"朝"。朝堂后面的建筑则为"寝"，属宫庙分离、前"朝"后"寝"的布局。宫城的北半部为苑，苑内有人工挖掘、并用自然石块砌成的大型池塘，系我国考古发现的最早的引水造景工程。大城的中北部为普通居住区。城内排水设施完备，排水沟、大渠、支渠俱全。在大城的北部有制陶作坊、青铜器铸造作坊、小型平房和地穴式建筑。遗址中出土大量商代前期遗物，主要有陶器、骨器、石器、蚌器、铜器、玉器等，有相当多的器物是同时代、同类器物中的精品。根据夏商周断代工程的结论，偃师商城始建年代在公元前 1610~前 1560 年。故文献记载，考古资料、碳 14 测年数据都资证偃师商城为商汤建国以后在"下洛之阳"新建的亳都（即西亳）。

图 3-2　偃师商城遗址

三、安阳殷墟遗址

殷墟，原称"北蒙"，是中国商代后期的政治、经济、文化、军事中心。殷墟长宽各约 6 千米，总面积约 36 平方千米。总体布局严整，以小屯村殷墟宫殿宗庙遗址为中心，沿洹河两岸呈环型分布。主要包括宫殿宗庙遗址、王陵遗址、洹北商城、后冈遗址以及聚落遗址（族邑）、家族墓地群、甲骨窖穴、铸铜遗址、手工作坊等。宫殿宗庙遗址南北长 1000 米，东西宽 650 米，总面积 71.5 公顷，是商王处理政务和居住的场所，也是殷墟最重要的遗址和组成部分，包括宫殿、宗庙等建筑基址 80 余座。在宫殿宗庙遗址的西、南两面，有一条人工挖掘而成防御壕沟，将宫殿宗庙环抱其中，起到类似宫城的作用。宫殿宗庙区还有商王武丁的配偶妇好墓，这是迄今为止发现的唯一一座保存完整的商王室成员墓葬，也是唯一能与甲骨文联系并断定年代、墓主人及其身份的商代王室成员墓葬。墓室有殉人 16 人，出土器物 1928 件，包括 468 件青铜器、755 件玉器以及 564 件骨器等，另有将近 7000 枚海贝。殷墟宫殿宗庙区还分布着为数众多的甲骨窖穴，共出土甲骨约 1.5 万片。王陵遗址东西长约 450 米，南北宽约 250 米，总面积约 11.3 公顷。

自 1934 年以来，累计发现大墓 13 座，陪葬墓、祭祀坑与车马坑 2000 余处，并出土了数量众多、制作精美的青铜器、玉器、石器、陶器等。洹北商城位于洹河北岸花园庄，城址大体呈方形，东西宽 2.15 千米，南北长 2.2 千米，总面积约 4.7 平方千米。四周有夯筑的城墙基槽。殷墟出土的四五千件青铜器，包括礼器、乐器、兵器、工具、生活用具、装饰品、艺术品等，形制丰富多样，纹饰繁缛神秘，是中国青铜时代发展的巅峰。青铜器上铸刻的文字（金文），是当时人们现实生活的反映，具有极高的研究价值。礼器为鼎、斛、簋、瓿、爵等，有圆、扁、方等多样形状，以圆形器为主。最大最重的当属武官村大墓出土的司母戊大方鼎，高 133 厘米、长 110 厘米、宽 78 厘米、重 875 千克，是迄今为止发现的全世界最大的古代青铜器。乐器有铙、铃、铮等。兵器有戈、矛、钺、刀、镞等。工具有锛、凿、斧、锯、铲等。生活用具有铜镜、杖首、漏、勺、箸、器座、角形器等。装饰艺术品有人面具、人头面具、铜牛、铜虎、铜铃等。

图 3-3 安阳殷墟遗址

四、湖北黄陂盘龙城遗址

盘龙城遗址，位于湖北省武汉市黄陂区，处在盘龙湖半岛，东南西三面环水，是商代统治者经略南方的一座重镇，是武汉城市文明的源头。盘龙城遗址的发现与研究，对加强长江流域古代文明的认识、全面复原商代史实具有重要的参考价值。

盘龙城遗址于 1954 年被发现后，发掘了城址、宫殿等大型建筑及多座高等级贵族墓葬，出土数百件青铜器、陶器、玉器、石器和骨器等遗物。城垣与宫殿的营建技术与郑州商城有很大的一致性。盘龙城遗址内城总面积约 75400 平方米，城址南北长 290 米，东西宽 260 米，周长 1100 米。包括宫殿区、居民区、墓葬区和手工业作坊区几个部分。该遗址反映了商代（公元前 16～前 13 世纪）中原文化向南扩张、在长江流域形成中心城市的社会景象。通过盘龙城遗址的考古发现，认识到二里头及二里岗等中原文化在南方大范围的同一性，认识到夏商王朝的政治版图到达了长江流域。

图 3-4　湖北黄陂盘龙城遗址

　　盘龙城遗址有青铜器、陶器、玉器和石器、漆器。青铜器大部分出自墓葬，工具和武器有舌、斫、斧、锛、凿、锯、钺、戈、矛、刀、镞；礼器有鼎、鬲、簋、斝、爵、觚、盉、罍、卣、盘等。形制、纹饰与中原青铜器相同。纹饰以饕餮纹为主，次为夔纹、云纹、弦纹、三角纹、圆圈纹、涡纹、雷纹等，其中陶器出土数量最多。盘龙城遗址早期陶器，以夹砂和泥质灰褐陶为主，黑陶和红陶次之，还有少数硬陶。主要器类有鬲、鼎、罐、盆、豆、盉、瓮、尊、缸等。晚期陶器：陶质以夹砂和泥质灰陶为主，其次为棕褐陶、砖红陶。主要器类有鬲、簋、豆、盆、刻槽盆、罐、钵、勺、器盖、大口尊、大口缸、瓮、器座、壶、罍、杯、斝、爵，以及坩埚、鱼、鸟等陶塑制品。此外还有印纹硬陶及原始瓷等。早期的器类及形制与二里头时期相当，晚期则与郑州二里岗期共性较多。漆器随葬在墓主头侧，保存较差，M17 的墓室北部随葬有成排漆器，是商代不多见的现象。M17 还出土了一件镶嵌绿松石片和金片的勾状夔龙纹饰件，其主体部分为夔龙纹装饰，夔龙纹的角、目、牙均以片状黄金制成。玉器中，盘龙城遗址出土的 94 厘米长的大玉戈为 2002 年国家文物局公布的首批 64 件禁止出国（境）的展览文物，是国家一级文物。

盘龙城遗址墓地共发掘 30 多座，大致可分 3 类。其中甲种墓，墓室面积在 10 平方米以上，有棺、椁，椁外有殉人，墓底设"腰坑"，随葬有成套的青铜礼器、玉器和陶器。墓主的身份应为显贵阶层。乙种墓，有棺、椁和腰坑。随葬品有青铜礼器和武器、工具、印纹硬陶器、原始瓷器，未见殉人。墓主应属下层贵族。丙种墓，为平民墓，形制与乙种墓近似，墓室窄小，随葬品以陶器为主。

2007 年，盘龙城遗址商代贵族墓地出土了一根长约 66 厘米的象牙骨，为长江流域远古时期是否曾有大象出没提供了研究实物。

依据现有的考古成果和文献记载可以知道，商代已经建立起比较完备的国家机构，有各种职官、常备的武装（左中右三师），有典章制度、刑法法规。商代统治者"尚鬼""尊神"，依据鬼神的意志治理国家。目前尚无商代人口调查制度的具体记载，但从甲骨文的祭祀卜辞用牲资料中可以间接算出晚商人口 500 万~700 万，士兵 12 万~15 万。商代服饰不论尊卑和男女，都是采用上下两段的形制，上着衣，下穿裳。虽然基本形制趋同，但有相当严格的等级制度。比较高级的染织品、刺绣品及装饰品由奴隶主阶级享用，底层的民众穿麻布以及与麻布同类的葛布制成的编织物。由于青铜冶铸达到了较高的水平，出现了大量精美豪华的乐器。乐舞是宫廷音乐的主要形式，可考证的有《桑林》《大护》，相传为商汤的乐舞。商代对于天文天象的记载、干支记时法的运用等在甲骨文上有所反映，其中有多次日食、月食和新星的记录。日历已经有大小月之分，366 天为一个周期，并以年终置闰来调整朔望月和回归年的长度。商代的甲骨文中有大致三万的数字和明确的十进制，有奇数、偶数、倍数的概念，已有初步的计算能力。汉字的结构在甲骨文中已经基本形成。兼有象形、会意、形声、假借、指事等多种造字方法，已经是成熟的文字。因材料关系，故刻写甲骨文字体为方形。金文系铸造，字体为圆形。光学知识得到应用，商代出土的微凸面镜，能在较小的镜面上照出整个人面。

第三节　种植业与养殖业的发展

商代夏前，便以种植业、养殖业为主要生产方式。根据《孟子·卷六·滕文公下》记载："汤居亳，与葛为邻。葛伯放而不祀，汤使人问之曰：何为不祀？曰：无以供牺牲也。汤使遗之牛羊，葛伯食之，又不以祀。汤又使人问之曰：'何为不祀？'曰：'无以供粢盛也'。汤使亳众往为之耕，老弱馈食"①。

一、种植业

盘庚迁殷后的甲骨文里有大量求禾、求年、受年、求雨、告秋、登尝等关于种植业的卜辞。如"求禾：戊戌卜，贞：求禾于帝"；"辛未，贞：求禾于高祖，燎五十牛"；"乙巳，贞：求禾于伊"，意为向上帝鬼神求得禾稼有好的收成，并献上祭品。"求年：癸丑卜，叔涉蓬：求年于大甲十牢，祖乙十牢"，与"求禾"意义相近，《说文解字》曰："年，谷熟也。"② 所谓求年，就是向神灵祈求丰收。"受年：乙卯卜，宾贞：敦受年；辛酉，贞：犬受年"，所谓受年，意为神灵赐予谷物有收。求雨：祈求风调雨顺获得丰收，"自今庚子至甲辰，帝令雨，……帝令雨足年"。告秋：告秋是向祖先神灵报告一年的收成情况，"其告秋于上甲二牛，甲申卜，宾贞：告秋于河"。登尝：是以新禾谷

---

① 万丽华，蓝旭译注．孟子·卷六·滕文公下·第五．北京：中华书局，2010.
② 〔东汉〕许慎．说文解字．北京：中国书店，1989.

献祭于神祖。《礼记·月令》说孟秋之月"农乃登谷，天子尝新，先荐寝庙"。所荐以不同季节而异①。《礼记·王制》云："庶人春荐韭，夏荐麦，秋荐黍，冬荐稻"②。"庚寅卜，贞：王宾登禾，亡尤""甲辰卜，酒登来于祖乙"。

在甲骨文之外，各个商代遗址也出土了大量种植业的生产工具。从质地而言，有石制、木制、蚌制、陶制，其中以石器为最多，木器、蚌器次之，陶器较少，已有一定数量的青铜金属农具。主要为镢、耒、耙、铲、锄、镰、刀等。

根据甲骨文和商代遗址的考古资料来看，商代的粮食作物为黍、稷、粱、稻、麻、麦等。在以上的粮食作物中，小麦是在商代出现的，夏代无小麦种植和食用的记载。而小麦是如何出现在中原地区的，至今尚无定论。相关学界认为：小麦起源于亚洲西部，在西亚和西南亚一带至今还广泛分布有多种野生小麦，也有与普通小麦亲缘关系密切的节节麦。小麦是新石器时代人类对其祖先植物进行驯化的产物，栽培历史已有万年以上。中亚的广大地区曾在史前原始社会居民点上发掘出许多残留的实物，包括野生和栽培的小麦穗、粒、炭化麦粒及麦穗、麦粒在硬泥上的印痕。如何传入中国，无明确结论，亦有商代对外交流引入的可能。但中国的小麦是由黄河中游地区向外扩散，则为共识。

卜辞中有"丙子贞：其登黍于宗""卯卜，亘贞：我受黍年""丙戌卜，我受稷年""贞：王勿稷"等诸多记载。麦的记载有"乙酉卜，宾，翌庚戌有告麦""□午有告麦"。

最著名的是一片非卜用骨板，其上记有两个多月的 66 个干支，其首一句为"月一正，曰食麦"。但从甲骨卜辞看，麦远不如黍、稷为多。辞中尚未见稻、粱的记载，但郑州白家庄商代早期遗存中发现有稻壳痕迹，安阳殷墟也发现有稻谷遗存，年代为商代晚期。

仰韶文化晚期的郑州大河村遗址曾出土一瓮炭化粮食，经鉴定为高粱。麻

① 杨天宇. 礼记译注（上）. 上海：上海古籍出版社，2004.
② 同①

之麻籽可食，秸秆又是织物材料。《礼记·月令》言"孟秋之月，食麻与犬"①。当然，商代实际种植的农作物可能尚有，这是因为甲骨文字被认出的不足一半，亦有未被契刻在甲骨上的，如稻和粱，便是例子。

二、养殖业

商代的养殖、畜牧业也很发达。所谓的六畜马、牛、羊、鸡、犬、猪都已经被驯化和饲养，并达到了相当的规模，足以应对日常庞大的祭祀和食用等各方面的需求。此外，还有象、猴、鹿、鸭、鹅等动物也已经被人工驯养。殷墟的考古发掘中发现了大量的上述动物骨骼，甲骨卜辞也充分证明，这些动物确实在商代的养殖、畜牧业中，占据着重要的地位。

商族对马的认识和利用也较早。《世本·作篇》记载"相土作乘马"②，相土是商人的一位先公。商代的马已经普遍饲养，《世本》中就有"胲作服牛"的记载③。王亥是商人一位很重要的先公，被称为高祖。卜辞中可见成百地用牲畜做祭品的记载，例如："贞：御自唐、大甲、大丁、祖乙，百羌、百牢，二告。贞：御惟牛三百""……登羊三百""……致牛四百""乙亥卜，……丙册大……五百牛，……伐百……"，"登"为征发，"致"为进贡之意。也就是说上述卜辞中有征发羊三百、进贡牛四百，甚至祭祀上帝和五位自然神时，用到"三百四十牢"。一"牢"为牛羊二牲，算下来就有六百八十头牛羊，数目可谓巨大。这从一个侧面反映出商代畜牧业的发达④。猪的饲养也已经很普遍。在郑州商代遗址出土的多块骨料中，以猪骨为最多，在殷墟的墓葬中也发现随葬的猪或猪头、猪骨。猪主要被用于食用，猪骨在遗址中随处可见，但在祭祀坑中，以猪为祭牲的数量则很少。商代养犬之风盛行，规模也很大，还设

① 杨天宇. 礼记译注上. 孟秋之月，食麻与犬. 上海：上海古籍出版社，2004.
② 〔汉〕宋衷. 世本. 长春：时代文艺出版社，2008.
③ 同②
④ 刘晓燕. 文教资料，2018（1）.

置有专门的犬官管理。商代的犬除了祭祀、打猎等所用外，还是食用的对象，直到战国时代，狗肉还是人们主要的肉食之一。养鸡是获取肉食的重要途径，但偃师商城、郑州商城和殷墟遗址中鸡骨的发现都不是很多，可能与鸡骨较细、比较脆弱而不易保存有关。

象在商代已经驯养。河南古称豫州，许慎认为"豫，象之大者"①。说明在夏商时代，中原地区应该有较多的大象出没。据《吕氏春秋·仲夏纪》记载："商人服象，为虐于东夷。周公遂以师逐之，至于江南。"② 商朝人驯服了大象，为虐东夷。周公以部队驱逐象群，并把它们赶到了江南，湖北盘龙城遗址便有象牙的出土。

商王对象非常重视，卜辞中有省象的记录，如"壬戌卜，今日王省。于癸亥省象。易日"，意为壬戌这天占卜，结果是于癸亥日外出视察大象较为合适。既然省象，便有专门养殖大象的固定场所。不仅商王亲省，还会派专人前往，如"贞令亢省象，若"。亢是商王室的贵族，商王派他去省象，足以说明对养象之事的重视程度。

三、商代种植业和养殖业的发展条件

商代种植业和养殖业的发展也应该得益于当时的自然条件。斯时中原和华北地区气候温暖潮湿，雨量丰沛，河流众多。卜辞记载的有河、滴、沁、垣、淄等均为流经中原地区的河流。卜辞中所载远不止以上诸河，当然也不会是商代疆域内河流之全部。为数众多的河流和湖泊的存在，不仅为植物的生长提供了水分，也为养殖业的发展提供了必要的水源。且商人已经懂得了打井、引渠等较为原始的水利技术，能在需要的时候保障对作物的灌溉。根据抱粉分析和动物化石可知，在一万年前的安阳小南海附近的浅山、平原地区，有茂盛的草灌木丛和森林存在。商代的树木种类繁多，有松、柏、桑、竹等。柏树是宗教

---

① 〔东汉〕许慎. 说文解字（第九下）. 北京：中国书店，1989.
② 〔汉〕高诱注. 吕氏春秋. 上海：上海古籍出版社，2014.

场所的常植树木。桑树的数量也很多，汤时大旱，就曾自祷于桑林。竹子是生长于热带、亚热带的植物，但中原地区也有成片的竹林生长。直到春秋时期，安阳附近还有大面积的竹林存在，这在诗经中就有所体现——"瞻彼淇奥，绿竹猗猗……绿竹青青……"①，均是竹子繁茂的明证。良好的草木植被，森林、草地、牧场和坡地能够为养殖牲畜提供充足的饲草和良好的栖息场所，这对养殖业的发展起着极为重要的作用。

因此，可以说商代的种植业、养殖业已经能够基本满足社会中上阶层的需要，并保障了少数统治者享受性和祭祀、出行、排场等精神层面的需求。

① 葛培岭注译评. 诗经·卫风. 郑州：中州古籍出版社，2005.

第四节　手工业与青铜器

商代的手工业发展很快，其中制陶、纺织、玉雕、骨雕等都达到了相当高的水准。发明了原始的瓷器，洁白细腻的白陶颇具水平。造型逼真，刻工精细的玉石器表现了商代玉工的高超技艺。丝织物有平纹的纨，绞纱组织的纱罗，千纹绉纱的縠，且已经掌握了提花技术。

尤其是青铜器的铸造技术发展到高峰，成为商代文明的象征。

一、陶器制作

制陶是商代手工业生产的一个较大的部门。制陶作坊出现了分工，生产的规模也很大。郑州商城遗址，就有一处制陶作坊遗址，总面积约为1400平方米，有陶窑14座，房屋基址十多处。从残陶器来看，多是泥质陶，其中以盆、甑最多，没有夹砂陶，如鬲、罐之类的产品。说明这个作坊是分工生产盆、甑之类陶器。制陶除由商王朝和诸侯、贵族官办的手工作坊外，民间亦有。故凡有商代遗址和墓葬之处，均有大量陶器出土。商代的陶器有几十种形制，用作炊器的有鼎、鬲、甑，用作贮器的有瓮、瓿甑、大口尊，盛食器有簋、盂、豆，盛水器有罐、盆、缸、盘，酒器有爵、觚、壶、卣等。商代的制陶业除泥质陶器外，已有原始瓷器出现。在郑州商城遗址制陶作坊中发现的原始瓷器，胎骨细腻坚硬，这种原始瓷器都涂有瓷釉。一般在器物的表面和口沿内侧，个别内壁也涂有薄釉。釉色以青绿为主，少数是褐色或黄绿色。经检测，系用高岭土（瓷土）制作。釉的化学成分与后来的豆青色釉相近。出自殷墟的刻纹白陶是商代的独创，也是用高岭土高温烧制而成。器物的表面有饕餮纹、夔纹、云雷纹和人体纹等多种纹饰。造型秀丽、色泽皎洁，达到了当时陶器制作的最高水平。

二、玉器　骨器

商代玉器之多是前所未有的，郑州商城遗址中出土过不少玉器。安阳殷墟妇好墓，出土各种玉器 755 件。殷墟西区发掘的 939 座墓葬，就出土了玉器 275 件，绿松石 26 件。据《逸周书·世俘》记载："凡武王俘商旧玉亿有八万"①。玉器之多，可见一斑。商代玉器的玉料有白玉、青玉、绿玉、墨玉等品种，形制如璧、琮、圭、璋、璜、琥、尊、塚、盘、豆、磬、玉人、玉鸟、玉鱼、玉蚕等。这些玉器雕琢精细，圆润光洁，形象生动，技艺之妙，令人叹为观止。

骨角器的制作，包括骨、角、牙、蚌器也很发达。郑州商城的制骨作坊遗址，出土骨锥、骨簪、骨镞、角器及人骨、兽骨等骨料和磨制骨器的砺石及半成品。在安阳殷墟商代后期的制骨作坊遗址中有一座长方形半地穴的房基址和堆放骨料的地窖。存放的骨器半成品达 5000 多件。出土骨器有针、锥、匕（食用具）、笄、镞等。并有青铜小刀、小锯和钻子等工具。在骨器中雕花骨是商代的一种艺术品，在殷墟曾多次出土。有件著名雕花骨叫作"宰丰骨"，上面刻有文字，内容是商王田猎获得兕，赐此骨给宰丰。郑州商城遗址和殷墟还多次出土象牙和象牙雕制品。有花纹精致的象牙杯及象牙筒、象牙刷子等。以贝、蚌制成的装饰品或镶嵌在其他器物上的工艺品，商代墓葬中出土的也很多。殷墟曾出土了四件有刻纹的蚌片及穿孔的大贝、大海螺等，制作工艺水平都很高。

---

① 孔晁纂．逸周书 1. 北京：中华书局（珍仿宋版印），1985.

图 3-5　商代铜锛

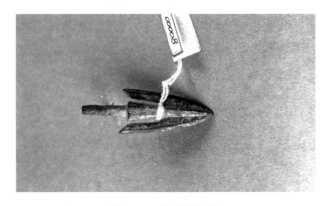

图 3-6　商代铜矢镞

三、青铜器制作

商代青铜器的发展，也有着不同的阶段，并在晚商达到高峰。偃师商城遗址所出土的青铜器应属早期之作。而郑州商城遗址及墓葬中出土的大量青铜器，铸造技术已达相当水平，种类也相应齐全。包括工具、兵器、礼器等。工具、兵器有铲、刀、鱼钩、戈、钺、矢镞。礼器有鼎、鬲、尊、盘、壶、盂、瓿、爵等。在郑州商城西墙的杜岭街青铜器窖藏出土 2 件鼎和 1 件鬲。其中杜岭 1 号鼎通高 100 厘米、口径横长 62.5 厘米、纵长 61 厘米，腹壁厚 0.4 厘米，重约 86.4 千克；2 号鼎通高 87 厘米、口径 61 厘米，腹壁厚 0.4 厘米，重约 64.25 千克。二鼎形制巨大，造型庄重，被认为是王室之器。在郑州商城遗址城东南的窖藏中出土铜器 13 件，其中有大方鼎 2 件，大圆鼎 1 件，大方鼎的形制、大小、装饰等均与杜岭方鼎一致。郑州商代遗址青铜器的特点是：胎壁薄，平底器较多。采取分铸法。殷墟出土的青铜器，包括礼器、乐器、兵器、工具、生活用具、装饰品、艺术品等。礼器有鼎、斝、簋、觚、爵等。乐器有铙、铃、钲等。兵器有戈、矛、钺、刀、镞等。工具有锛、凿、斧、锯、铲等。生活用具有铜镜、杖首、漏、勺、箸、器座、角形器等。装饰艺术品有人面具、人头面具、铜牛、铜虎、铜铃等。形制丰富多样，纹饰繁缛神秘。铸造技术工艺最为精美的是礼器，不仅种类多，而且形制多样，呈现圆、扁、方等形状，以圆形器为主。代表作有牛鼎、鹿鼎、司母辛方鼎等。最大最重的当属殷墟武官村大墓出土的司母戊大方鼎，高 133 厘米、长 110 厘米、宽 78 厘米，重 875 千克，是迄今为止发现的全世界最大的古代青铜器，也是青铜文明的巅峰之作。

图 3-7　司母戊大方鼎

殷墟妇好墓出土的三联甗，是迄今发现的最大的青铜蒸器，其高 44.5 厘米、长 103.7 厘米、宽 27 厘米，重 138.2 千克。全器由长方形器身和三件甑组成。器身是变化的方形鬲，盛水；器身有烟火痕，为实用器。此器可同时蒸制三份或三类食物，是新石器时代三联灶、九联灶的进步和发展。

图 3-8　三联甗（1）

图 3-9　三联甗（2）

图 3-10　商代铜觚

商代的青铜礼器是个较大的范畴。凡与礼有关，皆在其中。包括宗庙、祭祀、筵席、排场、音乐等活动，所使用的器皿有食器、酒器、盛器、乐器。食器中则有炊食共器的存在。而随葬之用的食器也有实用之器和专铸之明器（冥器）的区别，如殷墟妇好墓随葬之三联甗就是实用器。因此，商代实用之礼器大体如下。

（一）炊、食器

鼎：青铜鼎有烹煮肉食、食牲祭祀和宴享等各种用途。大者为炊器，如杜岭方鼎、司母戊鼎。小者为炊食共器。目前发现最早的青铜鼎出现于商代早期。

甗：炊器中之蒸器，全器分成上、下两部分，上为甑，下为鬲，合为甗。青铜甗在商代早期已有铸造，殷墟的三联甗为代表作。

鬲：煮粥器，炊食共用。青铜鬲最早出现在商代早期，大口，袋形腹、锥形足。商代晚期，多数青铜鬲已无炊粥之用。

图 3-11　商代灰陶鬲（1）

图 3-12　商代灰陶鬲 (2)

(二) 盛器

豆：专用于放置腌菜、肉酱和调味品的器皿。青铜豆出现于商代晚期。山西省保德县出土的商晚期带铃铜豆，是目前已知最早的青铜豆。

簋：盛放煮熟的稻、粱等饭食的器具。青铜簋出现在商代早期，但数量较少，商晚期逐渐增加。

图 3-13　商代灰陶簋 (1)

图 3-14 商代灰陶簋（2）

盘：盛水器，青铜盘出现于商代早期，盛行于商代晚期。

匜：与盘配套净手用，一人捧匜，一人捧盘盛水。

鉴：大型水器，既可盛水也可盛冰。

（三）酒器

爵：饮、酌酒之器皿，是最早出现的青铜礼器。爵的一般形制为：前有流，即倾酒的流槽，后有尖锐状尾，中部为杯形，腹侧有鋬，配以三足。流同杯口之间有柱。

角：饮酒器。无柱、流，两端皆是尾。角同爵的容量比为四比一。

尊：高体，大型或中型容酒器。按其形体可分为有肩大口尊、觚形尊、鸟兽尊三类。

图 3-15 商代铜爵

图 3-16　商代绳纹大口尊

壶：盛酒之用，使用时间从商始。

卣：盛酒器。卣，形似壶，但有提梁。基本形制是椭圆形，深腹、圈足，有盖和提梁（亦有少量无提梁的）。甲骨文有"鬯一卣"的记载。

觥：盛酒器，出现于殷墟晚期。

彝：方彝乃盛酒器。一般呈方形，出现于商代晚期。

图 3-17　灰陶罍

（四）乐器

铃：最早出现的青铜乐器。偃师二里头文化遗址有单翼铃出土。

鼓：打击乐器，仅殷墟出土两具。由于商周时期的鼓绝大部分是木质的（难以保存），所以青铜鼓为数甚少。

铙和钲：同为打击乐器。

第五节　烹饪职业体系的形成与饮食市场

中国烹饪的职业体系是指烹饪作为专业行为在整个社会分工中独立运作的一个系统。这个系统包括了为满足社会相关阶层的、不同目的的饮食需要所遂行的各类专门劳动。就商代而言，中国烹饪职业体系是一个较大的范畴。它包括渔猎、屠宰、加工、酿造、熟制、供奉等。从事这些专门劳动的人大多是依附于需要这些劳动的统治阶层，同时统治阶层的需要决定着烹饪职业体系的形成与走向。

一、烹饪职业体系形成的条件

烹饪职业体系的形成取决于以下几个基础条件。

（一）社会政治结构定型，城郭完备

自夏代始，中国社会从天下为公进入天下为家、为私的时代，国家的概念也由此产生。国家产生，城郭便成为必要。《世本·作篇》曰："鲧作城郭""禹作宫室"[1]。《淮南子·原道训》载："鲧筑城以卫君，造郭以居人，此城郭之始也。"[2] 而从夏初建宫室，到夏末桀作"璇台""倾宫""瑶台"直到殷墟的城池、宫殿，城郭完备的夏都、商都（《左传·庄公二十八年》："凡邑，

---

① 王谟等．世本·作篇．北京：中华书局，1985.
② 顾迁．淮南子．北京：中华书局，2009.

有宗庙先君之主曰都"）和众多邦国城邑，统治阶层的政治和生理的饮食需求决定了烹饪职业的逐步形成和定型。

（二）社会阶层形成并趋于稳定，社会分工成熟

政治结构的定型会使社会形成不同的阶层，在一人之下是庞大的王室、诸侯、贵族和"啬夫"之流（《夏书·胤征》："啬夫驰、庶人走。"啬夫为低层官吏），构成整个社会的统治阶层。其下是众，或曰庶人，是承担主要社会分工劳动的群体，再下便是没有人身资格的竖奴，等同于生产工具或牲畜。由夏至商，这个阶层和分工保证了烹饪职业体系具有消费的群体和劳动力的提供。

（三）生产力发展，种植业、养殖业、手工业能够支撑一定体量的饮食需求

生产力发展是烹饪职业体系形成并完备的主要物质条件。商代的种植业、养殖业、手工业已经能够服务于王室、贵族和整个统治阶层，特别是为他们的烹饪活动提供原料、炊具、盛器、工具的保障。

二、烹饪职业体系的服务范畴

（一）烹饪职业体系的服务对象

商代的烹饪职业体系及其加工活动场所的主体应该是整个王室服务体系中的一个部分，是专为王室、贵族服务的专属。夏、商的各个城郭遗址中都有内城、宫殿区域之外独立的制陶、制玉、铜器作坊，但尚未发现完整的烹饪作坊。从新石器时代的各个代表性文化遗址中可以看到，居住区有联通灶、灶台、灶坑的遗存。夏初的陶寺遗址亦有类似。而从夏代的二里头城郭遗址到郑州、偃师商城遗址和殷墟都没有类似的、成规模的烹饪设施遗存出土。个中缘由或因是铜炊具的使用改变了燃烧方式，淘汰了灶台和灶坑，或因烹饪场所的相对不确定，都暂无定论。但是，确定斯时的烹饪职业体系尚不具有服务整体社会意义上的社会性和独立性，则是可以肯定的。

（二）烹饪职业体系的范畴

从业务、技术的角度上看，烹饪职业体系的完整流程是从原料的获取到供

奉的实现。其中包括原料的获取、加工、熟制及供奉。在原料的获取上，提供谷物的种植业，提供家畜、家禽的养殖业，因其具有广泛的社会性而没有列入烹饪职业体系之中。野生动物、鱼类的获取则有两个途径：一是王室、贵族的狩猎和垂钓，铜制的箭镞和鱼钩不可能由社会中下层拥有；二是专业的渔猎人员保证对王室、贵族的供给，而这些专业的渔猎人员也就成为烹饪职业体系的一个部分。

屠宰和加工人员负责对各种动植物原料进行的加工，包括胴体、脂膏、酱类、酒浆类、盐、醯、梅等调味品，含宰杀、碾磨、提炼、发酵、酿造等。商代青铜工具的进步和积累、延续了二千年以上的各类技术保障了这些工序和工艺的实现。

熟制和供奉的人员负责对各类食品的预制和现场烹饪与供奉。在宫廷和贵族家庭未设独立加工场所的条件下，诸多的日常饮食服务和祭祀、筵席的排办常常是熟制和供奉同时进行。

（三）烹饪职业体系与饮食市场

如前文所述，商代的烹饪职业体系虽然形成，但尚不具有全社会意义上的社会性和独立性。虽然种植业、养殖业、手工业的社会分工业已成熟，但以物易物的交换只是在生活必需品之间进行。王室、贵族占有着绝大多数社会财富。众、庶人没有真正意义上的个人资产。虽然有海贝、骨贝、石贝、铜贝作为一般等价物和财富的象征，如殷墟妇好墓中放置了近七千枚海贝，也不可能是商品交换意义上的货币。《尚书·酒诰》所云殷人曾"肇牵车牛远服贾"[①]，当是为邦国之间的交换和属国的进贡服务。因此，纵观整个商代，尚无服务于整个社会的有相当规模的饮食市场。商晚期的殷墟、朝歌当有综合市场的出现，但从烹饪产品的角度看，可能只存在零星的酒类和食物交换行为，所谓"伊尹酒保，太公屠牛"（《鹖冠子·世兵》）[②] 的记载没有更多的佐证，伊尹

① 王世舜译注. 尚书·酒诰. 北京：中华书局，2011.
② 黄怀信. 鹖冠子校注. 北京：中华书局，2014.

时代尚无酒肆存在，伊尹入商后也无再做用人之理。而姜太公倒是有可能在朝歌屠牛，《尉缭子》载："太公望年七十，屠牛朝歌。"① 而屠牛只是整个烹饪职业体系中的一环，也主要服务于王室、贵族。一般统治阶层成员无享用牛肉的可能，更莫论众与庶民。此说也并不表明有完整意义上的饮食供应。故因整个社会的层级结构决定，除王室、贵族、职官之外，斯时的社会没有具备消费能力和消费需求的人群，可以催生饮食市场体系的出现。

---

① 陈济康等. 尉缭子. 北京：华艺出版社，1992.

第六节　烹饪技术体系建立与品种

中国烹饪的技术体系在商代得以确立，也可以说是在中国进入铜器时代得以确立。这个确立是在夏代烹饪技术发展的基础上，经过商初和商代中期的积累，最后完成于晚商的殷墟。盖因烹饪技术虽属手工业劳动的范畴，却属依附于上层建筑的文化现象。盘庚迁殷之后，社会结构稳定，国势上升，结束迁徙的都城得到快速发展，同时带动了种植业、养殖业、手工业等各个行业的进步与发展。武丁继位以后，选贤任能、勤于政事，政治、经济、文化得到了空前的发展，将商代社会推向鼎盛，史称"武丁中兴"。

二百多年的经济繁荣保障了上层建筑的稳固，上层建筑的稳固意味着统治阶层能够更多、更高标准地追求各类生理的、精神的需要。而饮食则居于各类需求的首位。这就不断地推动着烹饪职业体系的完善和烹饪技术的提升，并最终形成体系，进而固化为基于生理需求演变为精神需求的文化现象，成为人类文明、社会文明的标志之一。

图 3-18 山西文水出土的商代五眼灶

中国烹饪技术体系是在一套专门理论指导下，由原料的选择、甄别、分割、加工、配伍、熟制、组合技术等构成。它规范着烹饪产品的质量、标准，保障着筵席制式和目的的实现。

一、原料的选择

顺天时、应人事是中国农耕文明的基本法则。顺天时则不违四时，不违四时方能求得地利之用，用好地利才能应人事之需。从"神农尝百草，日遇七十毒"到商代种植业的大规模发展，中国烹饪在长期选择、甄别的积累以后，已经确定了谷类、菜类、果类的范围和品种。

（一）谷物原料

谷物包括黍、稷、麦（来）稻、菽等，为种植业所提供。

（二）菜类原料

菜类包括葵、藿、韭、荠、薇、蕨、芹、菁、葱、薤、姜等。菜类的来源为种植和采摘两个方面。甲骨文中有"圃""囿"等字，"菜"字本身亦是由"采"字而来。

（三）果类原料

果类原料包括桃、李、杏、梅、枣、柿、梨、苹果、樱桃、枇杷、柑橘等等。果类的来源与菜类相同，也包括种植和采摘。

（四）肉类原料

肉类原料包括马、牛、羊、鸡、犬、豕、鱼等和野生动物，其来源也是两个部分——养殖和渔猎。养殖业应占较大比例，马、牛、羊、鸡、犬、豕等家畜禽的遗骨，在殷墟都有大量出土。殷墟还发现随葬的陶罐里储存有尚很完整的鸡蛋。除家畜和家禽之外，鱼类有无养殖尚难定论。对于甲骨卜辞中"贞其雨，在圃鱼""在圃鱼，十一月"记载学术界有不同的认识。但从殷墟出土的大量鱼骨可知，其主要的品种为鲻鱼、黄颡鱼、青鱼、鲤鱼、草鱼及赤眼鳟等。渔猎确属鱼类和部分动物性原料的来源。甲骨卜辞中多见商王进行田猎的记载，有捕获虎、犀等大型动物的记载。在殷墟和诸多商代遗址与墓葬中还曾经发现象、熊、豹、狐狸、鹿、羚、獾、貘、猴、猫、龟、鳖、鼍、鲸等动物的骨骼，其中应有部分曾被食。《韩非子》卷七《喻老》曾记载箕子怖纣王食"旄象豹胎"，也并非没有可能。

二、分割与加工技术

分割与加工技术，主要包括动物性原料的分档取料与初加工及脂膏、骨骼等的综合利用。

（一）分割技术

分割技术是对宰杀后的原料按需要分类、分档的刀工处理。安阳殷墟出土有薄刃铜刀，说明完全能够对原料进行必要的加工使之形成所需的形状。

（二）加工技术

加工技术是指初加工和各类原料、调料在烹饪前的制备，包括肉类脂膏的提炼、骨骼的制汤。虽然各遗址都有大量动物骨骼的遗存，但也应有更大量的骨骼被长时间煮沸成为羹汤而使用之。植物性原料的初加工是脱壳、粉碎、发酵工艺。尚无商代使用石磨的证据，故各类谷物是脱壳后使用颗粒，或经碾碎成细粒状再使用。

发酵的工艺是利用曲蘖进行酒和调味品的制作，《尚书·说命》载武丁语："若作酒醴，尔惟曲蘖。"① 酒包括果酒、谷物酒。甲骨文中至少提到三种不同类型的酒：鬯（以果类或谷物为原料）、醴（以谷物为原料，低酒精含量）和酒（以谷物为原料，充分发酵的酒）。郑州商代二里岗遗址曾集中发现了大量粗砂陶缸，这种缸形体较大，内壁常附着白色水锈状沉积物。发掘者在排除了冶铜、制陶作坊等可能性以后，认为"似与当时的酿造有关"。河北藁城台西村的商代遗址中再次发现了与酿酒有关的遗存，其中陶瓮、罍、尊、壶等用于盛酒和储酒。在一件大陶瓮中发现了8.4千克的灰白色水锈状沉积物，经分析，认为是人工培植的酵母。还在其他大口罐中发现了李仁、桃仁、枣核、草木樨、大麻子等植物种仁，应是酿酒用的原料。因为出土了蒸煮原料的甑形器等，所以被认为这里可能是采用曲法酿酒。殷墟遗址还曾在墓葬中出土过装填板栗叶的铜斝和卣，其用途可能是滤酒。河南罗山天湖晚商息族墓葬出土一密封良好的青铜卣，内存酒液。经测定，每百毫升内含8.239毫克的甲酸乙酯，果香气味。酿造调味品包括醯（醋）酱等。

盐的使用和加工也是两个途径——池盐和海盐。从现有考古发现来看，商代池盐的重要产地之一应是山西西南部的解州盐池。山西夏县东下冯商代遗址发现了密集的圆形建筑基址群，经过对土壤的分析，证实就是储存池盐的盐仓。海盐的制作可上溯至夏代之前，《世本》载："黄帝臣，夙沙氏煮海为盐。"② 山东阳信李屋、寿光双王城等遗址已经发掘了多处商代晚期的海盐制盐作坊，有卤水井，盐灶、储卤坑等重要遗迹。商代晚期，解盐的规模急剧缩小，海盐可能代替池盐，成为了盐的主要来源。

三、配伍与熟制技术

配伍与熟制技术是中国烹饪技术体系中一个极其重要的方面，也是烹饪发

---

① 王世舜译注. 尚书. 北京：中华书局，2011.
② 〔汉〕宋衷注，秦嘉谟等辑. 世本八种. 北京：中华书局，2008.

展的一个核心所在。

（一）配伍技术

配伍是熟制的前提，是熟制中各种原料变化的依据，也是产品能否达到应有质量和效果的关键。这个配伍包括动物性原料和植物性原料的配合、动植物性原料和矿物性原料的配合、动植物性原料和其他加工后原料的配合，最终使各种原料相克、相补、相融，形成产品的质地、口感、口味。

（二）熟制技术

熟制的传热途径或介质可以分为四大类：火熟、水熟（含蒸汽）、油熟和盐熟。熟制的实现需要相关炊器和工具的支持。

火熟。火熟是指以火焰、辐射、炭灰等直接作用于原料，或以泥土、石器、陶器、青铜器作为传热介质使原料成熟的方法。包括烤、炙、熏、烙、煻煨（焗）。此类方法采用火塘、篝火、煻灰等手段，利用石板、陶鏊、铜鏊（尚无文物出土）等炊器制作。

水熟。水熟是指以热水或蒸汽直接作用于原料使之成熟的方法。包括煮（含改变煮制时间而衍生的技法）、蒸。此类方法用陶鼎、陶鬲、铜鼎、铜鬲、陶甗、铜甗、铜中柱盂等炊器制作。

油熟。油熟是指以动物性油脂直接作用于原料使之成熟的方法。（商代尚无植物油）包括炸、煎。此类方法用铜鼎、铜方型器等炊器制作。

盐熟。盐熟是指以盐为主要成分作用于原料使之发生质变的方法。包括腌、渍、脎。此类方法在陶制、铜制盛器中制作。

（三）熟制工具

根据不同的传热途径和炊器及翻、拌操作的需要，主要是使用舌、铲、匕等。商代有类似的工具，但无与炊器配合使用的记载和搭配的文物出土。

四、组合技术

中国烹饪技术体系中的组合技术是在不同的气候、环境条件下，为适应不同目的聚餐活动与各类仪式的需要，将各类烹饪制品搭配食用的方法。包括动物性、植物性制品的搭配；干稀、凉热不同的制品搭配。筵席是这种搭配的主要表现形式。

五、品种

据上所述，依照商代的烹饪原料状况、烹饪技术水准，以及殿堂、场所的条件，相对于夏代，商代炙烤类的品种趋于减少。陶鏊、铜鏊的烙饼、烙肉继续存在。蒸煮的粒食、肉类增加，煎炸的肉类面世。腌、渍、脍之法的鱼、肉出现。酒、醴、醯等发酵饮品受宠。具体来说，其品种大约如下：植物性原料制作的为饼、粥、饭、腌渍蔬菜、梅酱、醋、酒、醴、醯、浆等；动物性原料制作的为炙肉、炙鸡、炙鱼、蒸肉、炸鸡、煮肉、羹、鱼羹、脍、腌肉、渍肉、腌鱼、渍鱼等。

第七节　筵席与宴乐

商代的筵席较夏代当有较大的发展与完善。尤其是在盘庚迁殷以后，社会稳定、经济繁盛，统治阶层的各种生活需要、政治（祭祀、卜筮）需要逐渐进入高潮。再加商人尚酒，烹饪进步，使筵席的质量和内容更趋提高。而这种提高又反向刺激了对筵席需求的提高。进入晚商，酒池肉林、靡靡歌舞，更是为时人、后人所诟病。

对商代筵席的描述至今尚无明确的文字资料传世。但根据已经掌握的商代盛器、食器、酒器的资料，可以得知商代王室、贵族筵席的大致状况与规模。如果以王室大型筵席为例，饮酒便是筵席的中心。每席已无炊食共器之物、之用。应是以尊盛酒、以豆盛腌渍之物或饼类、以簋盛饭或羹置席前。司母戊之类的大鼎和三联甗之类的蒸器应该是陈设专区，负责蒸煮重要的肉食品种，然后分食。商王与其他席位的差别应该是器皿的数量与形制。每席之饮食之用具，一般当为铜制的爵、瓿、箸、匕。箸包括铜箸、象牙箸（《史记·宋微子世家》："纣始为象箸"），殷墟墓葬中曾出土铜箸三双。而商王则可能用玉制、象牙制的爵、杯、箸、匕。据《韩非子》卷七《喻老》记载："昔者纣为象箸而箕子怖。以为象箸必不加于土铏，必将犀玉之杯。象箸玉杯必不羹菽藿，则必旄象豹胎。"① 象箸玉杯、旄象豹胎，斯时的商王是可以做到的。根据不同的目的和殿堂的规模，商代王室、贵族的设席人数多则五十人左右，少者五人上下。至于纣王，《史记·殷本纪》载："大冣乐戏于沙丘，（纣）以酒为池，县（悬）肉为林，使男女裸相逐其间，为长夜之饮。"② 此是后人常以为鉴的所谓亡国之举。其实，我们认为这不过是纣王游戏于沙丘行宫，酒在池中、肉悬树上，不铺筵席、不设餐具，宫中之人开了一场放浪形骸、子时方散的夜宴。与奢靡和淫乱无关，亦非嗜酒无度，也与亡国不涉多少干系。

宴乐歌舞是王室、贵族各类筵席的配套活动。商代的祭祀是要伐鼓操翟而舞的。礼毕筵起，乐舞遂行。殷墟有石磬、铜铙、陶埙、玉戚、仪仗等出土便是一证。商代的乐曲，除了商汤的《桑林》之外，还有伊尹作的《大濩》和《晨露》，修改的《九招》和《六列》等。商纣之时，命师涓作《靡靡之音》，乐舞则有翟舞、桑林之舞、傩舞、北里之舞、雩舞等。卜辞中见到的乐舞有《隶舞》《□舞》《羽舞》《□舞》等（参见罗振玉《殷墟书契前编》6·26·2）。

---

① 高华平等．韩非子．北京：中华书局，2010.
② 司马迁．史记．北京：中华书局，2006.

第八节　伊尹与中国烹饪理论

商代伊尹以其在中国烹饪理论上的杰出贡献，而被后世尊奉为烹坛始祖、厨界祖师、厨圣。伊尹是历史上的真实人物，商初重臣之一，原名伊挚，尹为官名，甲骨卜辞中称他为伊，金文则称为伊小臣。毛泽东曾给予其高度评价："伊尹之道德、学问、经济事功俱全，可法。"（《毛泽东早期文稿》[①]）

一、伊尹身世考

据考，伊尹公元前 1647 年前后生于空桑（今河南省杞县葛岗镇空桑村），后耕于有莘之野（今河南省开封市陈留镇莘口村一带），曾司庖厨，事有莘国君。商汤闻其名，以币聘之，有莘国不许，商汤求婚，而商莘联姻，伊尹以媵入汤，得展才华。公元前 1600 年佐商汤灭夏，被尊之为阿衡。关于他的出生，《吕氏春秋·本味篇》记载为："有侁氏（侁通莘）女子采桑，得婴儿于空桑之中，献之其君，其君令烰人养之。察其所以然。曰：其母居伊水之上，孕，梦有神告之曰：'臼出水而东走，毋顾。'明日，视臼出水，告其邻，东走十里，而顾其邑，尽为水，身因化为空桑，故命之曰伊尹。此伊尹生空桑之故

---

① 中共中央文献研究室，中共湖南省委《毛泽东早期文稿》编辑组. 毛泽东早期文稿. 长沙：湖南人民出版社，2008.

也。"①

二、伊尹出生地、墓地记载

关于其出生地，《陈留县志·山川》（卷九）和《河南通志·山川》（卷之七·山川上·开封府）均载："伊水，在陈留东北二十里，环绕伊尹故里。"南宋人范成大在《揽辔录》（《河南通志》卷八十拾遗附）中记载："……丙寅过雍邱县（今河南开封杞县）空桑，世传伊尹生于此，一里过伊尹墓，道左砖堠石刻云汤相伊尹之墓。"南宋人周煇在《北辕录》（《河南通志·古迹·开封府》（卷之五十一）载："空桑城，在陈留县南十五里"。

《世纪》云："伊尹生于空桑。"《杞县志·地理志》（卷之三）载："空桑城……在雍邱县（今河南开封杞县）西二十里。"《杞县志·重修伊尹庙碑》（卷之二十一《艺文志》）载："开封属邑曰杞，去邑二十五里有空桑城。《帝王世纪》曰：'伊尹降生于空桑，即其地也……旧尝有伊尹庙，考之建于商、周时。邑人水旱、疠疫无不祷焉……'迨宋大中祥符七年，宋真宗车驾幸其庙，亲洒宸轮，刻序铭于石。"

河南省开封杞县西空桑村现存有"宋真宗御制碑"一通，碑额为浮雕"二龙戏珠"图，下面是"宋真宗皇帝空桑伊尹庙碑赞"的隶书。碑文内容《杞县志》及《河南杞县伊氏家谱》均全录，文曰："始就于桀，以劝人臣之忠；后归于汤，以济天下之难。咸有一德，敷祐万方。大节昭明，嗣王服其训；余庆不坠，令子承其家。旧礼攸存，明祀新享。朕因驻跸，永用怀贤，聊复刻铭，庶几旌善。赞曰：成汤之仁，溥率来宾，阿衡之忠，天辅成功。民难

---

① 陆玖译注．吕氏春秋．北京：中华书局，2011．

既平，嘉谟宾贞，五室不衰，大训可知。苹蘩之祭，传于永世，金石之刻，表予褒德。"

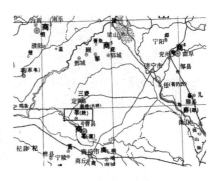

伊尹后人主要居住地为河南省开封市八里湾镇伊寨村（又名伊尹村），村中现居住 400 多人，均为伊姓，已接续 143 代。清嘉庆九年，伊尹后裔伊六壁续修《河南杞县伊氏家谱》。谱中从伊尹起记 134 代 325 人，并收有清嘉庆九年（公元 1804 年），孔子第七十三代孙衍圣公孔庆镕、明嘉靖三十五年（公元 1556 年）伊氏第一百二十代孙伊思礼、清嘉庆九年（公元 1804 年）伊氏第一百三十三代孙伊六壁的序文三篇。从伊氏家谱的序文中可以看出，伊氏后人从汉昭烈为官的第六十六代伊籍和魏时官拜司空的第六十八代伊睿起就着意于谱牒，明第一百二十代伊思礼增修成谱，伊六壁于清嘉庆九年（公元 1804 年）又续修，距今 200 余年。

伊尹墓地在河南省商丘市虞城县，史称为南亳。据《竹书纪年》记载："沃丁既葬伊尹于亳，咎单遂训伊尹事，作《沃丁》。"据《吕氏春秋》记载："伊尹卒葬南亳。"[1] 据《后汉书·东汉郡国志》记载："梁国谷熟县有南亳，宁陵有葛伯也。"另据《大明一统志》记载："伊尹墓，在归德州城东南四十里，墓前有庙。"《大明一统志》还称："亳城，在归德州城东南四十五里，契父帝喾都亳，汤自亳迁焉。汤居亳，与葛伯为邻，即今宁陵县葛乡，亳乃今安徽亳州也。蒙为北亳，即景亳，汤受命之地。谷熟为南亳，汤所都。"[2] 在《史记·殷本纪第三》里也说："括地志云：宋州谷熟县西南三十五

---

① 陆玖译注. 吕氏春秋. 北京：中华书局，2011.
② 李贤等撰. 大明一统志. 西安：三秦出版社，1990.

里南亳故城，即南亳，汤都也。"①

　　需要特别说明的是，伊尹的出生地和墓地所在，目前国内尚有异议。大致有四种说法。陕西省合阳县、山东省曹县均以本地历史上为莘国之地而自称为伊尹故里，河南省伊川县因伊水之名而自称伊尹故里，山东省曹县亦有伊尹墓，但上述之地均尚无更多的历史资料佐证，暂无法采信。1983 年《中国烹饪》杂志第十期刊发晚晴的文章《伊尹故里又一说》为合阳说；1985 年《中国烹饪》杂志第二期刊发的孙支林的文章《伊尹故里考辨》为河南杞县说。

三、伊尹的著作与理论

　　伊尹的著作《汝鸠》《汝方》《伊训》《太甲》等，大多佚失。《史记·殷本纪》有"伊尹以滋味说汤"的记载。《资治通鉴》称他："悯生民之疾苦，作汤液本草，明寒、热、温、凉之性，酸、苦、辛甘、咸、淡之味，轻清、重浊、阴阳、升降走十二经络表里之宜。"《甲乙经·序》亦谓："伊尹以亚圣之才，撰用《神农本草》，以为汤液。"《吕氏春秋·孝行览·本味篇》除载其人、其事，并保存了其烹饪理论。原文为：

　　"汤得伊尹，祓（音弗）之于庙，爝（音决）以爟（音灌），衅以牺猳。明日设朝而见之，说汤以至味。汤曰：'可对而为乎？'对曰：君之国小，不足以具之，为天子然后可具。夫三群之虫，水居者腥，肉玃（音觉）者臊，草食者膻。恶臭犹美，皆有所以。凡味之本，水最为始。五味三材，九沸九变，火为之纪。时疾时徐，灭腥去臊除膻，必以其胜，无失其理。调和之事，必以甘、酸、苦、辛、咸。先后多少，其齐甚微，皆有自起。鼎中之变，精妙微纤，口弗能言，志不能喻。若射御之微，阴阳之化，四时之数。故久而不弊，熟而不烂，甘而不哝，酸而不酷，咸而不减，辛而不烈，澹而不薄，肥而不膹。肉之美者：猩猩之唇，獾獾（音欢）之炙，隽（音卷）燕之翠，述荡

---

　　① 司马迁. 史记. 北京：中华书局，2006.

之擎（音万），旄（音矛）象之约。流沙之西，丹山之南，有凤之丸，沃民所食。鱼之美者：洞庭之鱄（音附），东海之鲕（音而），醴水之鱼，名曰朱鳖，六足，有珠百碧。藋（音贯）水之鱼，名曰鳐（音摇），其状若鲤而有翼，常从西海夜飞，游于东海。菜之美者：昆仑之蘋；寿木之华；指姑之东，中容之国，有赤木、玄木之叶焉；余瞀（音冒）之南，南极之崖，有菜，其名曰嘉树，其色若碧；阳华之芸；云梦之芹；具区之菁；浸渊之草，名曰士英。和之美者：阳朴之姜；招摇之桂；越骆之菌；鳣（音毡）鲔（音委）之醢（音海）；大夏之盐；宰揭之露，其色如玉；长泽之卵。饭之美者：玄山之禾，不周之粟，阳山之穄，南海之秬。水之美者：三危之露；昆仑之井；沮江之丘，名曰摇水；曰山之水；高泉之山，其上有涌泉焉；冀州之原。果之美者：沙棠之实；常山之北，投渊之上，有百果焉；群帝所食；箕山之东，青鸟之所，有甘栌焉；江浦之桔；云梦之柚；汉上石耳。"

　　译文如下：汤得到了伊尹，在宗庙为其举行除灾祛邪的仪式，燃莘草以驱除不祥，涂牲血以消灾辟邪。第二天上朝君臣相见，伊尹与汤说起天下最好的味道。汤说："可以按照方法来制作吗？"伊尹回答说："君的国家小，不可能都具备；如果得到天下当了天子就可以了。天下三类动物，水里的味腥；食肉的味臊；吃草的味膻。无论恶臭还是美味，都是有来由的。味道的根本在于水。酸、甜、苦、辛、咸五味和水、木、火三材都决定了味道，味道有九煮九变九，火是关键。火时大时小，疾徐不同的火势可以灭腥去臊除膻，这样才能做好，不失去食物之本味。调和味道离不开甘、酸、苦、辛、咸。用多用少用什么，全由自己依据规律来掌握。而鼎中的变化，非常精妙细微，不是三言两语能表达明白的。还要考虑阴阳的转化和四季的影响，才能把握食物在烹饪中精微的变化。所以久放而不腐败，煮熟又不过烂，甘而不过于甜，酸又不太剧烈，咸又不能发苦，辛又不得浓烈，淡却不寡薄，肥又不太腻，这样才算达到美味！肉类之美味是：猩猩的唇，獏獏的脚掌，雉鸟的尾巴肉，述荡（野兽）

腕肉，旄牛尾巴和大象鼻子。流沙的西面，丹山的南面，有凤凰的蛋，沃民所食。鱼之美味是：洞庭的鳟鱼，东海的鲕鱼，醴水有一种鱼，名叫朱鳖，六只脚，能从口中吐出青色珠子。藿水有一种鱼叫鳐，样子像鲤鱼而有翅膀，常在夜间从西海飞游到东海。蔬菜最好的是：昆仑山的蘋；寿木（传说中的不死树）的花；指姑山（传说中的山）东面的中容（传说中的国名）国，有仙树赤木、玄木的叶子；余瞀山的极南面，山崖上有一种菜叫嘉树，颜色碧绿；华阳山的芸菜；云梦泽的芹菜；太湖的菁；深渊里叫士英的草，都是菜中的佳品。调料味道好的是：四川阳朴的姜；桂阳招摇山的桂；越骆（古国）的香菌、鳝鱼；鲔鱼做的酱；大夏（古国）国的盐；宰揭山颜色如玉的甘露；长泽的鱼子。饭食最好的是：玄山的禾，不周山的粟，阳山的稷，南海的黍。水最好的是：三危（传说中的"两极"山名）山的露水；昆仑山的井水；沮江（古水名）岸边的摇水；曰山（古山名）的水；高泉山上涌泉的水；冀州一带的水等。水果最好的是：沙棠树的果实；常山（古地名）的北面、投渊（古地名）的上面。先帝们享用的各种果实，箕山东边、青鸟居住之处的甜山楂，长江边的橘子，云梦畔的柚子，汉水旁的石耳。

从上述文字我们可以看出，其主要论点可简述为：

（1）认识原料的自然属性和烹饪之功用

"三群之虫，水居者腥，肉玃（jué）者臊，草食者膻。臭恶犹美，皆有所以"，故"灭腥、去臊、除膻"，乃烹饪之要义。且烹饪加工"水最为始"，并要用"水之美者"，强调了选材之重。

（2）讲究"用火"，强调"火为之纪"

"五味三材，九沸九变，火为之纪。时疾时徐，灭腥去臊除膻，必以其胜，无失其理"[①]。"纪"指的是节，东汉学者高诱注曰"纪犹节也"，节是指节度、适度，"火为之纪"是火功要义，就是指用火要适度，把握好火候。以完

[①] 陆玖译注．吕氏春秋．北京：中华书局，2011.

成"九沸九变"的鼎中之变。

（3）掌握五味调和之规律

"调和之事，必以甘、酸、苦、辛、咸，先后多少，其齐甚微，皆有自起。""皆有自起"的关键，是五味相和，相和则无一味出头，方能自起，成为一体。

（4）控制烹饪中的微妙变化

"鼎中之变，精妙微纤，口弗能言，志弗能喻。若射御之微，阴阳之化，四时之数"[1]。把握烹饪中的精微变化，是厨师的功夫所在。要靠积累，要靠经验，是运用之妙，存乎一心。

（5）掌握调和之度、审美之度

"久而不弊，熟而不烂，甘而不哝，酸而不酷，咸而不减，辛而不烈，澹而不薄，肥而不腴"[2]，久而不弊、熟而不烂是对质的要求。对味的要求则是不过，过则失度，物极必反。

伊尹的这些观点和论述不过 120 字，但却是中国最早的烹饪理论，从其之下，也一直是中国烹饪理论的基石，无人能出其右。五味调和、质味适中、隐恶扬善、方达妙境。其辩证之哲思至今都闪烁着光辉，是中国烹饪的座右铭。

《吕氏春秋》成书于秦始皇统一中国的前夕，是在秦国丞相吕不韦主持下，集合门客们编撰的一部杂家名著。全书以道家思想为基调，坚持无为而治的行为准则，用儒家伦理定位价值尺度，吸收墨家的公正观点，名家的思辨逻辑，法家的治国技巧，加上兵家的权谋变化和农家的地理追求，形成了一套完整的国家治理学说。司马迁在《报任安书》中说道，"不韦迁蜀，世传《吕览》"（《吕览》即《吕氏春秋》）。《本味篇》为《吕氏春秋》中的一篇，古代许多学者认为该篇是以先秦时《伊尹说》为底本写成的"以至味说汤"的故事。鲁迅也取此说。故，《本味篇》所写的烹饪内容，当是从商到秦（或

---

① 陆玖译注. 吕氏春秋. 北京：中华书局，2011.
② 同①

更早）时的烹饪活动。伊尹被烰人（厨人）收养、耕读有莘，他能表述出那样的烹饪理论，也属正常。只是其理论的高度、深度是商代当时烹饪行业的发展水准难以托起的。他和岐黄学说一样，是时人无力完成的，是超越时代的。

这也是中国烹饪理论作为中国传统文化的神秘之所在。

本章结语

　　商汤立国，盘庚迁殷、武丁中兴。《诗经·商颂·玄鸟》曰："邦畿千里，维民所止。肇域彼四海，四海来假。"商朝东至海滨、西达秦陇、北越西喇木伦河、南跨江汉流域，其版图与政治影响空前扩大。发达的种植业、养殖业、手工业支撑着整个社会的繁荣与发展。灿烂的青铜文化将商代推上了中国奴隶制社会的巅峰，并进一步确立了中原文化的主导地位。

　　商代统治阶级的文明、进步与其对物质和精神的追求，促进了烹饪职业体系的形成及烹饪技术体系的建立。饮和食成为在生理需求之上建树的社会文明的标志。伊尹，或曰是这个时代所创立的中国烹饪理论，奠定了中国烹饪文明发展的基础，以及它在中国传统文化中的地位。可谓泽被四海、历久弥新、影响至今。

第四章　周（春秋战国）

（公元前 1046—公元前 221 年）

第一节　周定中国与封建制

　　周人早期居于姬水一带，后迁居于豳。周人早先并无"周"的概念，氏族以定居的豳为国，国即是城。居住稳定，以农耕为主。到古公亶父为部族首领时，周人受薰育戎侵袭逼迫，远徙至渭河流域岐山以南之周原，就此产生了"周"的概念。"周"字最初写法是：上田下口，上下合成，后来演变为周字。周人的祖先是黄帝曾孙帝喾，元妃姜嫄的儿子弃，即后稷。周原物产丰富，土地肥沃，灌溉便利，农耕条件优越，经济发展快速。为了保障部族安全，古公亶父与商朝建立起稳定的同盟关系，卑事商王武乙，并接受了商朝的文化体系，特别是关于天命的观念。周朝建立之后，这套天命观念经过了周公旦（姬旦）的再次梳理，成为治世立国的政治法理基础，进而形成了影响后代王朝的"奉天承运"的君权神授概念。

　　季历之时，商周关系开始密切，据《后汉书·西羌传》记载：古公亶父传位季历，季历不仅与商联姻，娶妻商室，并被商王文丁封为"牧师"，成为商王朝在西方最为重要的一位方伯，所以季历在甲骨文中有时又称公季。西伯姬昌继位后，国力不足，固继续臣服于殷，为殷西伯。商纣一度囚禁姬昌于羑里，周人以宝马、美女贿赂商纣，求得释放文王（姬昌）。文王归国后，发展生产，增强周族实力，同时进行武力扩张。根据《尚书》记载，周国先西伐犬戎、密须，后东伐耆国（在今山西长治西南）、又伐邘（即孟，在今河南沁阳），再伐崇国，深入到商朝势力范围。

　　商朝末年，纣王集中大量的兵力在殷西太行山区的黎地，造成东南空虚，东夷各部纷纷叛离。"商纣为黎之搜，东夷叛之"，东夷虽然先后被平定，但商的国力消耗殆尽，史载"纣克东夷，而殒其身"。

公元前1057年，周的统治中心迁到沣京（今陕西省西安沣河西岸的马王镇一带），立足泾渭平原。次年，文王病死，子姬发继位（武王）。任命太公望负责军事、周公旦负责政务、召公等人辅佐，开始了灭商的战略部署。武王并"东观兵于孟津"，八百诸侯（部落首领）盟会，取得了对商王的优势地位。武王十一年（公元前1046年），周军经过牧野之战，攻入朝歌，商纣自焚于鹿台，商朝灭亡。由于商的统治区域广大，周作为一个方国难以统辖，于是仅对其属国进行了警告和招抚，便返回关中。

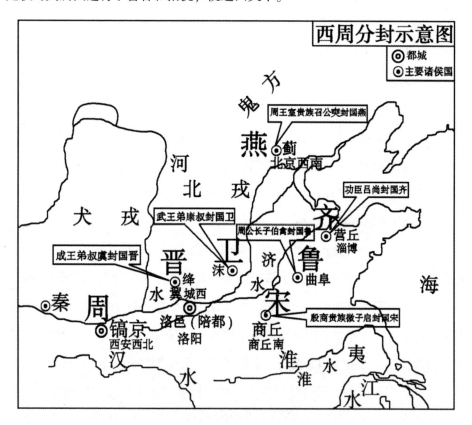

图4-1　西周分封形势图

此后，周迁都于镐（镐京，今西安市长安区西北，沣河东岸，与沣京隔河相望），以丰镐为基地，远摄东部广大地区。自此，中国的统治中心从东部迁移到西部。统治中心的迁移表明，周之统治力量尚不足，而是以商朝旧贵族（纣王之子武庚）来管理东方殷商旧地，用管叔、蔡叔和霍叔为傅相采取监督方式间接统治东方，并实行以宗法制为基础的分封制。据《史记》载："封神农之后于焦，黄帝之后于祝，帝尧之后于蓟，帝舜之后于陈，大禹之后于杞。于是封功臣谋士，而师尚父为首封。封尚父于营丘，曰齐。封弟周公旦于曲阜，曰鲁。封召公奭于燕。封弟叔鲜于管，弟叔度于蔡。余各次受封"①。相对于后来都城洛邑而言，镐京在西，由此这段时期史称西周。

西周初年，周公旦摄理政事。史载，"周初定天下，周公恐诸侯畔周，公乃摄行政当国"②；"成王幼，周公屏成王而及武王，以属天下，恶天下之倍周也。履天下之籍，听天下之断"③。后，周公"内弭父兄，外抚诸侯"④，率军东征，杀管叔、武庚，流蔡叔，完全征服了东方商朝旧地。为巩固统治，周公分封亲信建立诸侯国，"封建亲戚，以蕃屏周"⑤，将周贵族封于原商王畿之内，直接统治殷遗民。并营建东都洛邑，周公亲往相土尝水，测景以定天下之中，监督营建，建筑王城（今洛阳市王城公园一带）和成周（今洛阳市白马寺以东的汉魏故城一带）二城。东都建成以后，周公迁殷顽往成周，派八师军队监视殷顽和整个东部地区。东都的建立对于加强周王室对东部的控制，起到了十分重要的作用。

至周厉王时期，王室贪暴，贵族之间的矛盾日趋复杂。公元前 841 年，镐京爆发了"国人暴动"，周厉王被逐，走于彘（今山西省临汾市霍州市）。"国人暴动"动摇了西周王朝的统治，此后日趋衰微，逐渐分崩离析。周幽王继位

①　司马迁.史记（卷四）.周本纪第四.北京：中华书局，1982.
②　同①
③　《荀子·儒效》《荀子》.北京：中华书局，1983.
④　司马迁.史记卷三十五.管蔡世家第五.北京：中华书局，1982.
⑤　杨伯峻.春秋左传注.左传·僖公二十四年.北京：中华书局，1981.

后不理朝政，沉湎声色犬马，重用善谀好利的虢石父，使"小人在位，君子在野"①，斯时天灾人祸交织，社会动荡。朝野不满，离心离德。再加废申后所生太子宜臼，立褒姒所生伯服为太子，引发申侯联络犬戎攻破镐京，幽王和伯服被杀。诸侯拥立宜臼为王，即周平王。"平王之时，周室衰微，诸侯强并弱，齐、楚、秦、晋始大，政由方伯"②，国力衰弱，无力抵御犬戎。公元前 770 年，平王在晋、卫、秦、郑等诸侯的佐护下东迁洛邑，以求生存。自此西周结束，东周开始。由于东周王室一开始就处于诸侯羽翼的阴影之下，故诸侯强于王室就成为定局。中国历史进入了长达数百年的春秋战国时代。而中国的统治中心在西迁关中数百年后，又东归中原。

统治中心的西迁东移，促使了各邦国、方国、部落对中心的概念、中国的概念逐步趋同。"中"的本意为旗帜，是商朝人召集部属、民众的标志，后就衍生出中心、中央的等意义。"国"（繁体为國）是象形文字，口表示人，以戈守卫，筑城为国，"中国"③ 的含义就是处于中心之国。也就是说，"中国"就是"中央之域"或"中央之帮"。

1963 年陕西宝鸡出土的何尊（西周武王时期）的铭文中有"余其宅兹中或"。据考古和文字学家考证，"中或"就是"中国"④。这是西周对中国认识的最早记载。说明中国成为中原地域或中原王朝的代称。

---

① 孙星衍. 尚书今古文注疏. 尚书·虞书. 北京：中华书局，1986.
② 司马迁. 史记·周本纪. 北京：中华书局，2006.
③ 葛剑雄. "中国"称谓的变迁和含义. 武汉理工大学学报（社会科学版），2015（28）.
④ 于省吾. 释中国. 王元化名誉主编. 胡晓明，傅杰主编. 释中国（第 3 卷）. 上海：上海文艺出版社，1998.

图 4-2 何尊铭文中的"宅兹中或"四字

从历史的角度来看，"中国"一词出现后，其内涵不断被充实，所指地域不断扩展。从诸侯臣服的纯粹中央之邦、天子所居为唯一的"中国"，到天子统治的区域都称"中国"[①]，"中国"成为一个具有相当张力的，融合了地域、人口、民族和政权意味、内涵深厚的概念。而四面八方对这个概念的认可，则成为一个地域、一个民族形成向心力的关键。有了这个向心力，才有了面对任何外来分裂势力的威胁，而不被征服的强大力量，是心理的，摧毁不了的血肉长城。春秋时期，王室衰微，天下混乱——"礼乐征伐自诸侯出"[②]，诸侯连年争霸，霸主频出。却都以"中国"自居，"中国"是各诸侯国共同承认的一个概念，是各方共有的天下，便是例证。

① 葛剑雄. 统一与分裂——中国历史的启示. 北京：生活·读书·新知三联书店. 1994.
② 杨伯峻. 论语译注. 论语·季氏. 北京：中华书局，1980.

第二节　周代社会制度的革命

从春秋战国开始，中国社会开启了由奴隶制向封建制的过渡。周立国后以"天子建国，诸侯立家，卿置侧室，大夫有贰宗，士有隶子弟，庶人工商各有分亲，皆有等衰"①为制度，王室和诸侯、卿、大夫、士等各级贵族共同构成了西周王朝的统治阶层。周天子是至高无上的统治者——"溥天之下莫非王土，率土之滨莫非王臣"②；公、侯、伯、子、男五等爵位构成了贵族序列。周公制礼作乐，强化了等级秩序。孔子曰："周监于二代，郁郁乎文哉！吾从周。"周平王东迁洛邑后，王室衰微，起初尚占有今陕西东部到豫中一带，还有土地约方六百里，此后越来越狭小。中原各诸侯国不再定期向天子述职和纳贡。根据鲁史《春秋》统计，242年中，鲁君仅三次朝觐天子，鲁大夫仅四次聘周。鲁国作为周公后裔尚且朝贡几废，其他诸侯可想而知③。周王室愈加贫弱不得不放弃天子尊严，向诸侯"求赙""求金""求车"④。而诸侯的强大，源于社会生产力的发展在突破"周礼"之束缚。首先是井田制瓦解。"古者三百步为里，名曰井田""井田者，九百亩，公田居一"⑤"方里而井，井九百

---

① 杨伯峻．春秋左传注．左传·桓公二年．北京：中华书局，1981.
② 程俊英，蒋见元．诗·大雅·北山．北京：中华书局，1991.
③ 范文澜．中国通史简编．石家庄：河北教育出版社，2000.
④ 翦伯赞．中国史纲要．北京：北京大学出版社，2006.
⑤ 谷梁传·宣公十五年

亩。其中为公田，八家皆私百亩，同养公田。公事毕，然后敢治私事"①，即便是私田，其领主也需要向天子或国君缴纳赋役，而且井田制中的私田不允许进行交换或买卖。

春秋时代，铁制农具和牛耕的使用让深耕细作成为可能，大幅度地提高了农业生产的效率和农作物的产量。公田之外的私田被大量开垦，不纳税的私田数量增多，促进了引税制改革，实行按照田亩的实际面积征税，这就是"初税亩"。"初税亩，非礼也，谷出不过藉，以丰财也"②。这些改革的初衷是为增加国君收入，却在事实上承认了私田主人对私田的所有权，甚至原有的井田中的一部分耕地也因此被侵占变成了私有财产。自此，井田制的瓦解成为大势所趋。到战国时期，秦国的秦孝公任用商鞅进行变法，其中一个重大措施就是"废井田"，从而使井田制彻底退出了历史舞台③。生产力的进步使奴隶对奴隶主的人身依附关系日渐松弛。奴隶主贵族的权力和地位不断削减，封建新贵层出不穷。政治制度上，是削弱世卿、世禄制度，按照"食有劳而禄有功"的原则，把禄位授予有功于国家的人。军事制度上，精选士卒和奖励军功。从而揭开了以奖励耕战为核心内容的封建化改革运动，奴隶制自然土崩瓦解，新的生产力和生产关系让整个春秋时代成为政治、经济、文化上都最具活力的时期之一。

① 杨伯峻等．孟子译注．孟子·滕文公上．长沙：岳麓书社，2009.
② 杨伯峻．春秋左传注．左传．北京：中华书局，1981.
③ 关于井田制的有无，史学界也曾有过争议，在此不再赘言。

第三节　种植业、养殖业、手工业等的发展

　　周代经济较商代有了很大的发展，这主要得益于社会生产力水平的提高和生产关系的革命。是奴隶的解放、奴隶制的崩坏，给中国社会的进步提供了强大的动力。

一、种植业

　　种植业包括粮食作物、其他经济作物和蔬菜生产都有很大进步。据传说，周人的祖先弃因为擅长农耕而做过农官，称后稷。史载："弃为儿时，屹如巨人之志。其游戏，好种树麻、菽，麻、菽美，及为成人，遂好耕农，相地之宜，宜谷者稼穑焉，民皆法则之"。可见，周族专擅农耕由来已久。周人迁居岐山之下的周原后，"乃贬戎狄之俗""复修后稷之业"①。从生产工具看，西周已经开始使用以青铜为代表的金属农具。文献记载，西周的农具主要有耒、耜、钱、镈、铚等。虽然根据史料，这些金属工具（青铜器）使用数量有限，仅可用于公田耕种，至于私田，则需使用耒耜等木制、石制、骨制或蚌壳工

---

　　① 司马迁. 史记卷四. 周本纪第四. 北京：中华书局，1982.

具。生产技术方面也有了不少进步。首先是"一易""二易"的轮作休耕制度已经推广，两人合作的耦耕法非常普遍。"十千维耦"①"千耦其耘"②的记载表明周初耕作范围之广、规模之大，盛况空前。"彪池北流，浸彼稻田"③，"琴瑟击鼓，以御田祖，以祈甘雨，以介我稷黍"④，"或耘或耔，黍稷薿薿"⑤，"其镈斯赵，以薅荼蓼，荼蓼朽止，黍稷茂止"⑥等记载表明周人已基本掌握了修筑排水和引水设施、除草、壅土、施肥、治虫等农业生产技术，并且经验越来越丰富。

《诗经》及一些青铜器铭文中记载的西周农作物品种很多，主要的谷物为粟、黍、稷、穈、芑、粱、秬、秠、麦、稻、稌等等，时有"百谷"之称。种植最多的是黍、稷。《诗经·生民》说"诞降嘉种，维秬维秠，维穈维芑"。据说秬、秠是黍的两种嘉种，穈、芑则是粟的两种嘉种。《诗经·周颂·思文》说："贻我来牟"，来是小麦，牟是大麦。《诗经·周颂·丰年》中还记载"丰年多黍多稌"，稌是稻的一种。"硕鼠硕鼠，无食我黍"，"硕鼠硕鼠，无食我麦"⑦；"黄鸟黄鸟，无集于谷"，"黄鸟黄鸟，无集于桑，无啄我粱"⑧；"黍稷稻粱，农夫之庆"⑨等都反映了当时农作物种类之多。桑、麻的种植也很普遍，豆类和一些瓜果、蔬菜多栽种在特殊的园中。专门的苗圃已经出现。总的来看，秦汉以后中国大陆的主要农作物，在西周时期基本上都已出现⑩。多个西周文化遗址都有炭化的粮食遗物发现，验证了西周农作物的种类繁多，如陕西长安丰镐遗址的小米，江苏句容浮山、湖北圻春毛家咀的稻米，安徽亳

① 程俊英，蒋见元.诗经·周颂·噫嘻.北京：中华书局，1991.
② 程俊英，蒋见元.诗经·周颂·载芟.北京：中华书局，1991.
③ 程俊英，蒋见元.诗经·小雅·白华.北京：中华书局，1991.
④ 程俊英，蒋见元.诗经·小雅·甫田.北京：中华书局，1991.
⑤ 同④
⑥ 程俊英，蒋见元.诗·周颂·良耜.北京：中华书局，1991.
⑦ 程俊英，蒋见元.诗经·魏风·硕鼠.北京：中华书局，1991.
⑧ 程俊英，蒋见元.诗经·小雅·黄鸟.北京：中华书局，1991.
⑨ 同④
⑩ 朱绍侯等.中国古代史（上）.福州：福建人民出版社，2000.

县钓鱼台的麦粒，陕西扶风县杨家咀的苎麻布等。西周时期，在长期农业生产中积累了植物、动物的习性和生长变化的规律，并将其与风、雨、干旱、冰冻等气象现象结合起来，如"月离于毕，俾滂沱矣"①，"上天同云，雨雪雰雰"② 等。在《尚书》一些篇章中，记载了雨、旸、寒、燠、风等气象因素对农业生产的影响；在《诗经·大雅·公刘》中记录了人们根据田地的地理位置和墒情种植谷物的经验③。

到了东周春秋时代，铁器的使用和牛耕的推广，使大片荒地被开垦。西周末，郑人迁到今河南新郑，尚"斩之蓬蒿藜藿而共处之"④。宋、郑之间的不少荒地，春秋后期逐渐被开辟，建立了六个邑。春秋初年，晋国的"南鄙之田"还有野兽出没，不久，完全被开辟。楚国初迁江汉时，还是"辟在荆山，筚路蓝缕，以处草莽。跋涉山林，以事天子"⑤，后来则发展成了政治、经济、文化的中心。到战国时期，休耕制逐渐被连作制取代。"今是土之生五谷也，人善治之，则亩益数盆，一岁而再获之"⑥，反映了当时连作制、一年两熟和农业产量增加的情况。春秋战国时，由于铁器的使用，大型水利工程不断涌现，农田水利建设蔚然成风。其中最引人注目的有芍陂、邗沟、鸿沟，以及引漳水溉邺、黄河堤防的修筑、都江堰水利工程、郑国渠等。水利工程建设是农业生产获得飞速增长的重要条件。

二、养殖业

西周是养殖业发展的重要时期。周的先祖王季曾被商王文丁任命为"牧师"，专司畜牧。史料中"伯昌号衰，秉鞭作牧"⑦，反映出文王姬昌也有亲自

① 程俊英，蒋见元. 诗经·小雅·渐渐之石. 北京：中华书局，1991.
② 程俊英，蒋见元. 诗经·小雅·信南山. 北京：中华书局，1991.
③ 朱绍侯等. 中国古代史（上）. 福州：福建人民出版社，2000.
④ 杨伯峻. 春秋左传注. 左传·昭公十六年. 北京：中华书局，1981.
⑤ 杨伯峻. 春秋左传注. 左传·昭公十二年·子革对灵王. 北京：中华书局，1981.
⑥ 荀子·富国. 荀子. 北京：中华书局，1983.
⑦ 屈原. 天问. 林家骊校注. 北京：中华书局，2010.

放牧的表现。西周时期的城市遗址、聚落遗址和墓地中，普遍出土了数量很多的牛、羊、马、猪、狗、鸡的骨骸。据文献记载，祭祀用牲，牛为太牢，羊为少牢，重大庆典要宰杀用牲三百头。各种祭祀活动的频繁不断，反映出畜牧业的规模已相当可观。周朝司土（徒）的下属中有"牧"，也就是《周礼》中的"牧人""牧师"，掌管放牧牛、马、羊、豕、犬、鸡等六牲，并管理牧场的职官。西周一些青铜器铭文记载有"牧牛""牧马""攸卫牧"等称呼，都是与畜牧业有关的官职设置，说明西周畜牧业存在着官营。

西周已有相当规模的养殖渔业。"王在靈沼，於牣魚躍"[1]是池塘养鱼的最早记录。依据现有的资料和考古成果看，河南信阳孙砦西周遗址是中国人工养鱼的滥觞。孙砦遗址在村东南 2 米高的台地上，遗址有 10 座小坑，呈东、西两排布列。其中发现很多鱼骨，经鉴定为鲤鱼、鲫鱼等类。所见还有少量虾骸、蚌壳、龟甲以及牛骨、鹿骨、鼠骨等。遗址中出土的木质器具有木橹、桨、槌、匕、豆、盒等，竹质者有竹篓、鱼罩等，竹篓形制较多，可见长方形、方形、椭圆形等类。还出土了少量青铜器和陶范[2]。西周养蚕业亦有发展。周原地区曾出土过白、黄、红等颜色的丝绸残迹，经鉴定为经过精练工艺的家蚕丝织物，是缫丝技术比较成熟的实物证据。

三、手工业

西周的手工业门类齐全，有制陶、青铜制造、玉石器制造、纺织、骨角器制造和木器制造等。

（一）青铜器的制作

考古中未曾发现周武王以前的周族青铜器，表明在灭商以前，周族青铜器技术远远落后。周灭商后，达到了铜器制造的新高峰。在洛阳北窑发掘的西周早中期铸铜遗址中有用土坯砌成的直径达 1.5 米以上的大型熔铜炉，还有陶质

①　程俊英，蒋见元．诗经·大雅·灵台．北京：中华书局，1991.
②　河南省文物研究所．信阳孙砦遗址发掘报告．华夏考古，1989（2）.

鼓风嘴，可能已使用皮制的橐来鼓风。经对炉壁进行燃烧温度测定表明，当时炉温可达1200℃~1250℃，已大大超过青铜的熔点①。从现存的和近年来新出土的西周青铜器来看，西周青铜器主要有彝器（礼器）、乐器、兵器、工具及车马等。礼器有鼎、鬲、尊、爵等，乐器有铙、钟、镈、铃、鼓等，兵器有戈、钺、矛、剑等，工具及车马具有犁、锄、镰、铲、斧等，蔚为大观。青铜器铭文大量出现，是西周青铜器的一大特征。如武王时期的利簋、成王时期的何尊、江苏丹徒出土的康王时期的宜侯夨簋等，都是不可多得的历史研究史料。西周中晚期开始形成了礼器列鼎制度。所谓列鼎，就是造型和装饰相同而尺寸大小依次递减，组成一组奇数的鼎，是王室、贵族在祭祀、宴飨、丧葬等礼仪活动区别身份等级的标准器。"礼祭，天子九鼎，诸侯七。卿大夫五，元士三也"，其使用有着严格的规定②。

春秋战国时期，铜器的制作不仅数量巨大，且造型各异，日趋华美。山西侯马的铸铜遗址，出土了大量陶范，可生产鼎、豆、壶、簋、匜、鉴、舟、敦、匕、匙、铲、镢、斧、锛、刀、剑、镞、镈、钟、镜、带钩、空首布和车马饰等。也就是说可以生产礼器及工具、兵器、乐器、货币、车马器和日用装饰品等各种器物。陶范有夔龙、夔凤、绚索、蟠螭、蟠虺、云纹、雷纹、饕餮、环带、垂叶、贝纹、涡纹等等花纹，表明了青铜铸造工艺在审美创造上取得了突出成就。

图4-3 春秋铜鼎

图4-4 战国铜鼎

① 史仲文，胡晓林. 中国全史（第二卷）. 北京：中国书籍出版社，2014.
② 黄铭，曾亦译注. 春秋·公羊传. 北京：中华书局，2016.

图 4-5 春秋铜簠

图 4-6 春秋铜匜

图 4-7 春秋铜洗

图 4-8 战国铜甗

图 4-9 春秋蟠虺纹铜匜

图 4-10 东周的小鼎

图 4-11　战国三龙形足铜敦

（二）铁器的产生

铜矿开采与青铜铸造为冶铁业的发展提供了技术基础。早在西周时期，我国冶铁业就已出现。殷代和西周初年，尚处于使用陨铁的阶段。春秋中、后期即公元前 7 至 6 世纪已出现和使用了铸铁[①]，冶铁业使用鼓风竖炉，使用的燃料是木炭。春秋晚期，已能铸造大型刑鼎。"吴干之剑，肉试则断牛马，金试则截盘匜"[②]，表现出当时之冶炼宝剑锋利异常，业已初步掌握了炼钢和热处理技术。战国中期以后，铁器已成为农业、手工业中的主要生产工具。战国晚期，铁兵器已成为重要作战武器，钢也日益广泛使用。从战国开始，中国已进入了铁器时代。1976 年在长沙杨家山 65 号墓出土了春秋晚期的一把钢剑，经取样分析，金相组织为含 0.5 左右的中碳钢。1960 年于河南新郑县仓城村发现战国时郑、韩冶铁遗址，出土了大批铸造铁器的陶范、残鼓风管、炼渣、木炭屑，发现有镢、铲、刀等器物的内外范[③]。l964 年至 1975 年又于河南新城县郑韩故城发现战国时的铸铁作坊，出土残铸铁器炉一座、烘范窑一座和一批

---

①　杨宽．战国史．上海：上海人民出版社．2003.

②　缪文远．战国策·赵策．北京：中华书局，2006.

③　郭沫若．希望有更多的古代铁器出土．奴隶制时代，1973.

陶范及铁器①。铁器时代的到来，也为我国烹饪技术的进步提供了技术条件。

（三）其他手工业

西周时代，原始瓷器、髹漆和贴金等工艺，不但继承了商代的传统，而且在其基础上有了进一步发展。玻璃料器则是西周工艺的新成就。"椅桐梓漆，爰伐琴瑟"② 中提到的髹漆工艺，在商代基础上有所发展。不仅已大量用漆涂饰日用几案、盘、盒、乐器、车辆和棺椁，而且还把漆器纳入礼制的范畴，使髹漆工艺具有等级制度③。周原出土了色彩丰富的西周漆器就是证据。再者，陕西岐山凤雏村西周宫室（宗庙）建筑基址中曾发现过 3 片金箔，薄如纸，上有纹饰。还有各地西周墓葬出土的铜矛，车衡上的条形、圆形、人字形、三角形金片，以及贴金铜兽面、贴金圆泡等都证明了贴金工艺早在西周就已经出现。只不过比较少见而已。

四、盐业的发展

盐业的发展，对中国烹饪的发展有重要作用。春秋时期，人们已经知道"恶食无盐则肿"④，"十口之家，十人食盐；百口之家，百人食盐"⑤。齐国、晋国将自己的食盐资源（池盐）当作国宝。"晋人谋去故绛。诸大夫皆曰：必居郇瑕氏之地，沃饶而近鹽（盐），国利君乐，不可失也。……夫山、泽、林、鹽，国之宝也"⑥。齐、燕两国是重要的海盐产地，"齐有渠展之盐，燕有辽东之煮"⑦，"山东多鱼、盐"，"燕有鱼、盐、枣、栗之饶"⑧，反映出制盐业分布之广。必须注意的是，春秋战国时期除官营手工业以外，还有以家庭生

①　中国社会科学院考古研究所．新中国的考古发现和研究．北京：文物出版社，1984.

②　程俊英，蒋见元．诗经·鄘风·定之方中．北京：中华书局，1991.

③　徐正英，常佩雨．周礼·考工记．北京：中华书局，2014.

④　王文锦．礼记译解（上）．北京：中华书局，2001.

⑤　梁运华．管子·海王．沈阳：辽宁教育出版社，1997.

⑥　刘利．左传·成公六年．北京：中华书局，2007.

⑦　梁运华．管子·轻重甲．沈阳：辽宁教育出版社，1997.

⑧　司马迁．史记卷一百二十九·货殖列传．北京：中华书局，1982.

产和私营为代表的独立小手工业存在。

图 4-12　煮盐图

整个周代，种植业、养殖业、手工业都达到了相当的高度。战国时期，孟子见梁惠王说："不违农时，谷不可胜食也；数罟不入洿池，鱼鳖不可胜食也；斧斤以时入山林，材木不可胜用也。谷与鱼鳖不可胜食，材木不可胜用，是使民养生丧死无憾也。养生丧死无憾，王道之始也。五亩之宅，树之以桑，五十者可以衣帛矣。鸡豚狗彘之畜，无失其时，七十者可以食肉矣。百亩之田，勿夺其时，数口之家，可以无饥矣。"（《孟子·梁惠王上》）从此番议论可以看出，这时的中国社会，已经完整地形成了一套对种植业、养殖业、手工业发展的认识。

第四节　商业的兴起与城市的发展

　　商代还没有真正意义上的商业。虽然已经出现了以贝币为代表的货币，以物易物却仍然是交换的主体。但奴隶制的崩溃、新型阶层的产生，人口的流动，社会分工的深化，种植业、养殖业、手工业的快速发展，必将扩大商品交换的规模，推动商业的发展。再加各诸侯国之间的交流与战争，道路和车船的进步。从西周末年到春秋战国，各诸侯国之间互通有无，北方之走马、大狗，南方之象牙、犀皮、颜料，东方之鱼盐，西方之毛织物、旄牛尾等等，为商业贸易提供了发展和兴盛的巨大空间。陶朱公、猗顿、弦高、郭纵以及后来的吕不韦，都成为了春秋战国时期从事商业活动的富商巨贾、呼风唤雨的人物。

　　商业的兴盛带动了城市的发展。各诸侯国大小都邑，都开场设市，并设置专职官吏，主持、监督交易活动。饮食市场也在此时出现。"沽酒市脯"成为可能，但受政府的严格管制。管理饮食市场的职官主要是指《周礼·地官》中的"质人"、"廛人"、"贾师"及《周礼·秋官》中的"萍氏"。《周礼·地官·质人》曰："质人掌成市之货贿、人民、牛马、兵器、车辇、珍异。"① 郑玄注："珍异，四时食物。"可见，质人职责中包括了掌管市场上四时食物的买卖。《周礼·地官·廛人》曰："凡珍异之有滞者，敛而入于膳府。"② 这里

---

① 吕友仁等．周礼·地官·质人．郑州：中州古籍出版社，2010.

② 同①

的"珍异"同样是指四时食物。如果市场上这些食物滞销，则有廛人负责购买之，入于膳府，以供膳食。贾师是掌管评估市场价格的职官，据《周礼·地官·贾师》记载："各掌其次之货贿之治，辨其物而均平之，展其成而奠其贾，然后令市。……四时之珍异亦如之。"① 贾师职中包括了评估食物价格。萍氏掌管市场上酒的买卖，《周礼·秋官·萍氏》曰："掌国之水禁。幾酒，谨酒"②。"幾酒"是指稽查酒的买卖数量及时间是否适当，非正当的宴饮活动不能买酒、饮酒。"谨酒"是指掌管国民节用酒。《尚书》中有"酒诰"一文，明确西周控制国民饮酒，与《周礼》"萍氏"职掌的饮酒制度是一致的。而且，对所谓"游饮于市者若不可禁，则搏而戮之"，说明西周时期对饮食市场是多有限制的。这种情况应该是在春秋战国时代便不复存在了，毕竟消费的需求和商业的利益是很难阻碍的。

因此，诸侯各国的若干大都邑便很快成为当时的商业中心。春秋战国时的诸侯国国都，不再仅是一国的政治、军事和文化中心，商业也十分繁荣。位于"天下之中"的周之王城洛邑因其通畅四达的交通条件而成为"东贾齐鲁，南贾梁楚"，"街居在齐、秦、楚、赵之中"的商业都会。赵国都城邯郸"北通燕、涿，南有郑、卫，亦漳、河之间一都会也"，是华北平原上的商贾云集之地。燕之蓟城"南通齐赵，东北边胡"，亦渤海、碣石（今河北昌黎）之间的重要都会；齐国都城临淄"亦海岱之间一都会"③。如齐都临淄，竟然达到"摩肩接踵""挥汗如雨"④（"临淄之中七万户，……甚富而实，其民无不吹竽鼓瑟，弹琴击筑，斗鸡走狗，六博蹋鞠者。临淄之途，车毂击，人肩摩，连衽成帷，举袂成幕，挥汗成雨，家殷人足，志高气扬"⑤）的地步。商业的繁荣可见一斑。"魏之大梁，秦之咸阳，楚之郢，皆出入大贾小贾之地"⑥，成为

① 吕友仁等. 周礼·地官·贾师. 郑州：中州古籍出版社，2010.
② 钱玄等. 周礼·秋官·萍氏. 长沙：岳麓书社. 2001.
③ 司马迁. 史记卷一百二十九·货殖列传. 北京：中华书局，1982.
④ 缪文远. 战国策·齐策. 北京：中华书局，2006.
⑤ 司马迁. 史记卷六十九·苏秦列传第九. 北京：中华书局，1982.
⑥ 黄金铸. 七朝都会开封. 北京：中国地质大学出版社，1997.

"富冠海内"的天下名城。而且由于工商业的发展、经济的繁荣和城市人口的急剧增加而兼具了经济中心的职能，进而成为区域性或全国性的经济中心。卫文公兴复卫国，齐桓公、晋文公经营霸业，都重视通商。齐自太公开国以来，一向是东方大商业国，姜太公"至国，修政，因其俗，简其礼，通商工之业，便鱼盐之利，而人民多归齐"①。桓公重用的商人管仲，奖励商人通行各国间，探知政情。各国富商，衣锦绣华服，乘金玉之车，交结诸侯、大夫，收入丰厚。并以此兼并土地，改变和提升社会地位，从而成为新兴地主阶级的一部分。

综上所述，可以说，从西周到春秋战国，社会变革、城市繁荣，整体经济结构从相对单一的农业，向综合种植业、养殖、畜牧业、手工业、商业全面发展，从而奠定了我国传统经济的基本格局。中国的饮食行业也在此基础上面世，并走上快速发展的道路。

---

① 司马迁. 史记·齐太公世家. 北京：中华书局，1982.

第五节 《周礼》和食制

　　《周礼》一书，是儒家的重要经典，也是我国典章制度的开创性著作，在历代制度建设史上具有深远而广泛的影响，直至今日仍为制度研究者所重视。《周礼》完整详细地记录了周代庞大的食官机构，明确食官职责，构建了我国上古最完整、最系统的饮食制度。它包括系统严密的食官制度，礼制规定下的王室饮食结构及膳食制度，等级分明的饮食器具使用制度，明君臣之义尊卑有别的饮食礼制。是对"夫礼之初、始诸饮食"的全面诠释。

　　到目前为止，对《周礼》的成书年代依然是见仁见智，没有定论。但"就《周礼》所载的典章制度言，不可能伪造，没人能够凭空撰出合乎社会发展规律的政治经济社会各方面的著作"之说，是比较客观的。因此《周礼》中的记载，主要方面是当时实录，六官所记，基本上是西周历史条件下的各种现实的政治制度，极有可能是春秋战国时代追述周初之制。像《周礼》这种纤悉、具体又与西周主要制度极其相仿的描述，也只有在春秋时期出现。盖因春秋时期乃诸侯争霸、周王室式微而"礼崩乐坏"之际，《周礼》正是对部分阶层"克己复礼"之政治追求的反映。而周朝是全面承袭、接受商文化的，因此，《周礼》所载，也是商、周两代政治、文化的总结。

一、食制的分工体系

周代的食制是为王室和统治阶层服务的，是王室和统治阶层饮食生活的保证，是对其地位的标榜与彰显。其责任制度及管理规定，事无巨细、皆在其中，翔实、具体到无以复加之程度，足见此时饮食制度之重要。

表 1　周代食制中的负责官员

分工事务	官职	人数
掌管饮食行政	大宰、小宰、宰夫	3
提供烹饪原料	甸师、场人、牛人、羊人、鸡人、犬人、囿人、兽人、渔人、鳖人、川衡、泽虞、凌人、盐人、廪人、舍人、仓人	17
烹调加工	膳夫、庖人、内饔、外饔、亨人、腊人、酒正、酒人、浆人、笾人、醢人、醯人、舂人、槀人、郁人、鬯人、饎人	17
制订食疗食谱	食医、疾医、疡医	3
从事餐饮服务	幂人、司尊彝、司几筵、大行人、司仪、掌客、量人	7
制造饮食器具	陶人、瓬人、梓人	3
总　　计		50

按上表所列，根据《周礼》所载，各类官员责任为：

（一）制定饮食政令、控制饮食开支

大宰：以总御众官的最高行政长官的身份佐助天子治理邦国，以九种用财的法度来调节国家的财用，负责宫廷之膳羞的加工制作及筵席的承办、衣服的用财法度。掌管饮食机构，负责宫廷中王室、贵族、官僚的饮食、居住、安全等事务，是国家食官机构的最高领导者。

小宰：大宰的副手，其职责是推行饮食之政令和财政开支。

宰夫：辅助大宰、小宰进行巡视和检查，并掌管饮食礼仪、菜点数量和宴饮的规格。

（二）烹饪原料供应

烹饪原料供应的职官共 17 类，负责为王室膳食和宫廷重要的宴饮活动等提供各种动物、植物类烹饪原料。

甸师：率领属员耕种王田，按时供应收获的谷物和桃李、瓜瓞等果瓜，并为内外饔提供木材燃料。

场人：管理场圃，种植枣李、瓜瓠等瓜果，蒲桃、枇杷等珍异食物，按时收藏，为祭祀、招待宾客供应瓜果。

牛人、羊人、鸡人、犬人：负责供应牛、羊、鸡、犬等家畜禽肉类原料。

囿人、兽人：负责圈养并提供野生兽肉原料，并根据季节变化应时贡献。

渔人、鳖人、川衡、泽虞：负责供应水产动植物原料。渔人供应各种鲜鱼、干鱼。鳖人提供龟、鳖类动物原料。川衡负责河川所产的鱼、鳝、蜃等原料。泽虞提供水泽所产的植物原料。芹、茆、菱、芡、深蒲、昌本之属。

盐人：提供食盐。

凌人：供应贮藏食物所用的冰及鉴（冷藏器）。

廪人、仓人、舍人：负责提供贮藏的米粟。

提供烹饪原料的职官有 17 种之多，每种职官职责分明，各司其职，为王室膳食和国家重要的宴饮活动等提供各种动物、植物类烹饪原料。

（三）负责制定食谱、保健和医疗

食医：制定保健食谱，包括主食和酒饮、菜肴。

疾医：负责以五味、五谷、五药调养疾病。

疡医：以五气（郑玄注：当为五谷）调养体力，以五药治疗疡疮，以五味调节药效。

（四）烹调、加工、制酒

膳夫：全面负责王室的食饮膳馐。

庖人：宰杀六畜、六兽、六禽。

腊人：加工制作脯、脩、腊等干肉。

春人：掌管谷物加工。

内饔、外饔、亨人：内饔割亨煎和。外饔负责祭祀菜品。亨人负责烹煮牲、兽、禽肉与大羹、铏羹。

醢人、醯人：醢人负责腌制菜肴。醯人职掌制作醯酱。

笾人：职掌果、脯和糗饵、粉餈等点心。

酒正、酒人、浆人：酒正掌管酒的政令，制作酒浆的材料。酒人是制作五齐、三酒。浆人制作六饮。

鬯人：制作礼酒，供祭祀。

郁人：制作的郁鬯酒用于裸礼（祭祀之礼）。

饎人、槀人：职掌炊煮六谷米饭。

（五）负责餐饮、礼仪服务

司尊彝：负责礼器陈设及饮用。

幂人：负责餐巾、幕布、清洁。

量人：职掌祭祀、飨宾活动中荐献脯、炙肉的数量。

司几筵：掌管筵席、位次。

大行人：负责筵席礼数。

掌客：负责筵席规格、数量。

司仪：负责礼仪。

（六）负责制造饮食器具

陶人、瓬人、梓人：陶人作甒，瓬人作簋，梓人作饮器。

二、食制人员的构成

保障食制执行的人员分为三个层次，即总管、部门主管、技术与操作人员。总管的职级为卿与大夫，部门主管的职级则主要为士以下，操作人员大多属徒以下的奴隶。合计共3794人，规模极大。

（一）总管

即大宰、小宰、宰夫。

（二）部门主管

即膳夫、庖人、内饔、外饔、亨人、甸师、兽人、渔人、鳖人、腊人、食医、疾医、疡医、酒正、酒人、浆人、凌人、笾人、醢人、醯人、盐人、幂人、牛人、羊人、鸡人、犬人、川衡、泽虞、囿人、场人、廪人、舍人、仓人、舂人、饎人、槀人、郁人、鬯人、司尊彝、司几筵、量人、大行人、司仪、掌客、陶人、瓬人、梓人。

（三）技术与操作人员

即贾、府、史、胥、徒、奄、女、奚等，奴隶居多。具体见表2。

表 2　保障食制的技术与操作人员

职官	卿	中大夫	下大夫	上士	中士	下士	贾	府	史	胥	徒	奄	女	奚	合计
大宰	1														1
小宰		2													2
宰夫			4												4
膳夫				2	4	8		2	4	12	120				152
庖人					4	8	8	2	4	4	40				70
内饔					4	8		2	4	10	100				128
外饔					4	8		2	4	10	100				128
亨人						4		1	2	5	50				62
甸师						2		1	2	30	300				335
兽人					4	8		2	4	4	40				62
渔人					2	4		2	4	30	300				342
鳖人					4			2	2		16				24
腊人					4			2	2		20				28
食医					2										2
疾医					2										2
疡医					8										8
酒正					4	8		2	8	8	80				110
酒人												10	30	300	340
浆人												5	15	150	170
凌人						2		2	2	8	80				94

续表

职官	卿	中大夫	下大夫	上士	中士	下士	贾	府	史	胥	徒	奄	女	奚	合计
遁人												1	10	20	31
醢人												1	20	40	61
醯人												2	20	40	62
盐人												2	20	40	62
幂人												1	10	20	31
牛人				2	4		2	4	20		200				232
川衡						20			7	18	200				245
泽虞					4	8		2	4	8	80				106
囿人					4	8		2		8	80				102
场人						2		1	1		20				24
廪人			2	4	8	16		8	16	30	300				384
舍人				2	4			2	4	4	40				56
仓人					4	8		2	4	4	40				62
舂人												2	2	5	9
饎人												2	8	40	50
槀人												8	16	5	29
郁人						2		2	1		8				13
鬯人						2		1	1		8				12
鸡人						1			1		1				3
司尊彝						2		4	2	2	20				30
司几筵						2		2	1		8				13
量人						2		1	4		8				15
羊人					2	2			1		8				13
犬人						2	4	1	2		16				25
大行人		2													2
司仪				8	16										24
掌客				2		4		1	2	2	20				31
总计															3794

三、膳食、筵席规定

在上述几近繁复的管理框架下，还有一整套等级分明，以食物的质量、数量构成的筵席食制，以分尊卑、明贵贱，维护统治秩序。

（一）膳食制式名目

周礼规定，王室膳食以"食用六谷，膳用六牲，饮用六清，羞用百有二十品，珍用八物，酱用百有二十瓮"（《周礼·膳夫》）为基本要求，并对四时的膳食结构予以明确规定。"凡食齐视春时，羹齐视夏时，酱齐视秋时，饮齐视冬时。凡和，春多酸，夏多苦，秋多辛，冬多咸，调以滑甘。凡会膳食之宜，牛宜稌，羊宜黍，豕宜稷，犬宜粱，雁宜麦，鱼宜苽"[1]。"苽食、雉羹、麦食、脯羹、鸡羹、析稌、犬羹、兔羹，和糁不蓼"（《周礼·天官·食医》）[2]。

王室、宫廷、贵族是一日三餐。分别为朝食、日中、夕食。且每日一举，举为杀牲盛馔。"王日一举，鼎十有二物，皆有俎。"（《周礼·天官·膳夫》）且食前必祭，以示不忘先祖。所以《周礼·天官·膳夫》曰："以乐侑食，膳夫受祭，品尝食，王乃食"[3]，《淮南子·说山训》亦言："先祭而后飨则可，先飨而后祭则不可。"

（二）筵席制式名目

筵席制式为："天子九鼎，诸侯七鼎，卿大夫五鼎，元士三鼎也；天子之席五重，诸侯三重；天子豆百二十，上公豆四十，侯伯豆三十二，子男豆二十四，上大夫豆二十，下大夫豆十六；上公飧五牢、饔饩九牢，三飨、三食、三燕，侯伯飧四牢、饔饩七牢，再飨、再食、再燕，子男飧三牢、饔饩五牢，壹飨、壹食、壹燕。"

筵席的制式是严格按等级执行的包括坐席。所谓天子五重，是在筵之上铺五层席，其他递减。在食物与器皿的组合上，天子九鼎是最高规格，周天子之下按级别为七、五、三。天子用九鼎八簋，诸侯七鼎六簋，大夫五鼎四簋，元士三鼎二簋。天子豆百二十，上公豆四十，侯伯豆三十二，子男豆二十四，上

① 钱玄等注释. 周礼. 长沙：岳麓书社，2001.
② 郑玄. 周礼·仪礼·礼记. 长沙：岳麓书社，2006.
③ 同②

大夫豆二十，下大夫豆十六。以周天子筵席为例，其内容为：用牢鼎九，称为太牢，鼎各配一俎，并另有三陪鼎。配八簋、百二十六豆、四笾，并五齐三酒。其中九鼎内盛牛、羊、豕、鱼、腊、肠胃、肤、鲜鱼、鲜腊，均为烹煮之物。俎盛待分割之肉。三陪鼎应为大羹、和羹、铏羹。八簋为稻、黍、稷、麦、菽等饭食。百二十六豆内为菹、葅、醢等腌菜、酱菜、肉酱之类。四笾盛干、鲜果品。酒用三酒、五齐，三酒为事酒、昔酒、清酒，均为去渣滓之酒；五齐则为泛齐、醴齐、盎齐、缇齐、沉齐，均为未去渣之浊酒。

飧为晚餐，又有小礼之谓。据《周礼·秋官·司仪》记载："致飧如致积之礼"①，汉郑玄注："小礼曰飧，大礼曰饔饩。"贾公彦疏："大礼曰饔饩者，以其有腥有牵，刍薪米禾又多。"孙诒让正义："云大礼曰饔饩者，其礼比飧为盛也。飧五牢。"《周礼·秋官·掌客》注："客始至致，小礼也。"② 小礼五牢即为五鼎。饔饩大牢用九鼎。小礼的敬酒（飧）、劝食、设宴（燕）次数不过三。《周礼·秋官·掌客》载："三飧、三食、三燕，若弗酌，则以币致之。"③

筵席的名目主要有飨礼、食礼、燕礼。

飨礼：飨礼是贵族阶层的待客之礼，根据宾客的尊卑等级实行献酒礼仪。最尊者采用九献之礼，依次等级降低采用七、五、三献之礼。"丁丑，楚子入享于郑，九献"，楚子为楚国国君，郑伯以飨礼款待楚王，敬献九次。在《礼记》中载："三献之介，君专席而醉焉。"郑玄注曰："三献，卿大夫。"由此看出，卿大夫行饮酒之礼行至三献。而杀三牲升鼎俎，烹大牢以饮宾的饔饩是天子的专属。

---

① 郑玄. 周礼·仪礼·礼记. 长沙：岳麓书社，2006.
② 同①
③ 同①

图 4-13　西周的盨（盛器）

图 4-14　西周的簋（盛器）

图 4-15　西周的簋（盛器）

食礼：食礼有饭有肴，其礼以饭为主故曰食礼。食礼主于食，设酒不饮，故有进食菜肴而无饮酒菜肴，所谓"有豆无笾"。

燕礼："燕礼"之燕通"宴"，义为安也，即安闲、快乐。燕礼是王与诸侯及卿大夫等群臣举行的宴饮之礼。与飨礼、食礼在庙举行不同，燕礼在寝举行。

以上这些完备的职能设置、等级分明的食制，体现了当时的烹饪状况与技术水平，这些都离不开理论的指导和经验的使用。但最能说明问题的还是对膳食的质量要求和饮食禁忌。尽管其中某些成分以今天的眼光看或不足为训，或近乎荒诞，但却不能排除它们在当时的合理性和指导性，也是承袭先人们的诸多经验，受当时理论水平和其他条件限制下的必然。如"内饔"应"辨体名肉物，辨百品味之物，辨腥、臊、膻、香之不可食者"（《周礼·天官冢宰》）。何为不能食者，如夜鸣之牛、结毛之羊、赤股之犬等，属典型的经验之谈。再如"凡用禽兽，春行羔、豚，膳膏香；夏行腒、鱐，膳膏臊；秋行犊、麛，膳膏腥；冬行鱻、羽膳膏膻"（《周礼·天官冢宰》），就已非经验之谈了，而是在相生相克的五行理论指导下确立的原则。其意为春之羔、豚火气太盛，故以牛油杀之，因牛属中央土，性平。夏之干鸡、干鱼性亦太热，而犬属西方金，故以犬膏和之。秋之牛、鹿用猪油，冬之鲜鱼、肥雁用羊油亦属相合、相克之意。又如上文提到的"凡和、春多酸、夏多苦、秋多辛、冬多咸，调以滑甘，凡会膳食之宜，牛宜稌、羊宜黍、豕宜稷、犬宜粱、雁宜麦、鱼宜苽"是为食医的要求，其内容更是十分清楚地将节令、物性以当时的认识水平和哲学理论结合，作为烹饪中的调和理论。核心仍是相生相克并以此求合和之宜。

第六节 "礼崩乐坏"与中原核心文化的扩散

周礼及其食制是周代社会政治制度的重要组成部分，是高度发达的奴隶制文明的结果，是服务于这个社会秩序的重要工具。《周礼·春官·大宗伯》云："以饮食之礼，亲宗族兄弟；以飨燕之礼，亲四方宾客；以脤膰之礼，亲兄弟之国……以礼乐合天地之化、百物之产，以事鬼神，以谐万民，以致百物。"① 故《礼记·乐记》曰："酒食者，所以合欢也。""如此，则四海之内，合敬同爱矣。"这是飨礼、食礼、燕礼等礼仪性宴会所发挥的重要的社会政治功能。宴饮之礼的这一作用，在《国语·楚语》记述的观射父答楚昭王的一段话中阐述得很清楚："于是乎合其州乡朋友婚姻，比尔兄弟亲戚，于是乎弭其百苛，殄其谗慝，合其嘉好，结其亲暱，亿其上下，以申固其姓。"兄弟相亲，邦国和睦，万民和谐，国家内外无侵犯、无凌辱，则国家无患难矣。也就是在《礼记·聘义》中记载的"诸侯相厉以礼，则外不相侵，内不相凌。此天子之所以养诸侯，兵不用，而诸侯自为正之具也"②。

因此食制的本旨不在味，而在政治。《礼记·乐记》云："是故乐之隆，非极音也。食飨之礼，非致味也。《清庙》之瑟，朱弦而疏越，壹倡而三叹，有遗音者矣。大飨之礼，尚玄酒而俎腥鱼。大羹不和，有遗味者矣。是故先王

---

① 吕友仁等. 周礼. 郑州：中州古籍出版社，2010.
② 〔汉〕郑玄. 礼记. 北京：中华书局，2015.

之制礼乐也，非以极口腹耳目之欲也，将以教民平好恶，而反人道之正也。"①《礼记·聘义》又云："君亲礼宾，宾私面私觌，致饔饩，还圭璋，贿赠，飧、食、燕，所以明宾客君臣之义也。"② 君臣之义、尊卑贵贱，是维护统治秩序的重要手段，《左传·庄公十八年》言："名位不同，礼亦异数。"以保证上下有序，从而达到"贵贱不相逾"，让贱者尊重贵者、卑者敬重尊者，从而维护统治秩序。如此，君以礼制民，民以礼敬君，国家统治就巩固矣。所以在《礼记·礼运》中言："故圣人以礼示之，故天下国家可得而正也。"③ 这正是食制的本质所在。

然而，社会的进步是食制所不能禁锢的。当生产力的发展突破旧的生产关系之后，礼崩乐坏就成为必然结果。春秋战国以后，奴隶制度的瓦解，以新兴地主为代表的新阶层突破了旧有之制。诸侯各国在掌握了巨大经济力量和军事力量之后，必然会寻求政治上的突破，纷纷称霸、蔑视周室便是自然而然之举。孔子"克己复礼为仁"的教诲，公孙满"在德不在鼎"的指点，是阻挡不了霸主们僭越礼制、问鼎中原的潮流趋势的，列九鼎、食八珍、舞八佾，天子之筵成为诸侯、新贵们的追求。天子之食、筵席之制等各种食制及食品以风云之势漫卷天下。但也正因如此，传承千年以上的中原文明、主流规范开始了大规模的与四面八方的扩散与交流。中原文明与"夷""狄"间在饮食、服式、习俗、文化的差异日渐以"中"趋同。社会经济的发展，水陆交通线的开辟，各地区的经济贸易往来日趋频繁，四方物产"皆为中国人民所喜好"，形成了各个地区在经济上相互倚赖的局面。经济上交往日益密切，又加速了各地区、各族群之间政治、军事、语言、风俗、饮食的渐趋划一。到战国晚期，对天下、对国家的认识逐渐统一，中国成为共识、共有，已形成了"四海之内若一家"的密不可分的局面，也就此奠定了后世民族与社会的一统，包括中国烹饪的一统。

① 〔汉〕郑玄. 礼记. 北京：中华书局，2015.
② 同①
③ 同①

第七节 周代食制的理论与中国传统文化

　　周代食制构成的背后是相关烹饪理论的支持，其中包括原料的选择、原料的加工与配伍，味道的调和等，承袭了商代伊尹的相关学说，而这些理论又皆基于中国的阴阳五行学说，并以春秋时代诸子百家、争鸣立论为背景，成长在中国传统哲学、传统文化的建设中。盖因这个时期正是中国思想界、理论界最活跃的时期，也是中国烹饪总结经验、建立理论的时期，遗憾的是无一烹饪专著传世。我们只能从《周礼》《仪礼》《礼记》等儒家经典和《吕氏春秋》《黄帝内经·素问》等书中了解当时的烹饪理论状况。令人欣慰的是，虽然上述书籍并非专著，但书中对当时的食制、品种、技术等的记载，却也相当清楚。所提出的"五味调和"说、火候论、膳食结构理论亦非常精辟，其中所含的唯物主义、辩证法的成分，至今仍是作为中国烹饪理论的基石，指导着中国烹饪的实践和发展。

一、阴阳五行论

　　阴阳五行说是中国哲学史上早期的唯物主义思想和朴素的辩证法。五行是我国古代思想家试图用水、火、木、金、土这五种物质来说明世界万物的起源，是对物质世界结构的一种具体认识；阴阳是指宇宙中贯通物质和人事的两大对立面，是对世界变化的一种抽象认识。这两种认识的形成是建立在社会实践活动之上的，其中当然包括烹饪的实践。一旦这些认识上升成为哲学理论，它就必然反过来指导包括烹饪在内的社会实践活动。所以，中国的烹饪理论与阴阳五行说确属密不可分，同在当时哲学理论的范畴之内。

（一）何为五行

"五行：一曰水，二曰火，三曰木，四曰金，五曰土。水曰润下，火曰炎上，木曰曲直，金曰从革，土爰稼穑。润下作咸，炎上作苦，曲直作酸，从革从辛，稼穑作甘"（《尚书·周书·洪范》），这是对五行最早的完整记述。根据《尚书·大传》记载，周武王伐殷，夜晚士兵通宵欢乐歌舞，他们说："水火者，百姓之所饮食也，金木者，百姓之所兴生也，土者万物之所资生，是为人用。"

在烹饪活动中，或者说是在人通过进食而求得生存的过程中，首先是水，无水人不能生存，烹饪便无从谈起。有水还需要火，无火也无法烹饪，所以火为第二。火的燃烧就需用木，故木为第三。而要烹饪就必须有容器，故第四曰金。烹饪需要原料，土生万物，故第五曰土。这种排列简直就是膳夫所为。而且《尚书·周书·洪范》中将五行与五味相连，水咸、火苦、木酸、金辛、土甘，也是源于人们进食的经验和烹饪活动的结果。人类早期饮水，雨水、河湖之水当为主要来源。其味微咸，而盐分的补充又是人体之必需，水便成补盐的主要渠道，故水作咸。火何以知其苦？当应是经火烧烤后的物表之味，或者说炭黑之味。人食之以为是火之味，故火作苦。木作酸，应为两种情况：一是某些树木之茎叶食之味酸；二是木之果实，掉落聚而发酵，汁液为酸。金作辛，是人尝石、采石以铸食器而得之其味。土作甘，是因稼穑于土而得五谷，五谷味甘故土作甘。由此可见，五行水、火、木、金、土的排列确实与烹饪活动关系密切。

所谓五行相生是五行相互资生，互相促进。相克是相互制约，相互克制。相乘是五行之间乘虚侵袭。相侮是恃强凌弱。五行中任何一行太过或不及，便可引起相乘或相侮之变，如木行太盛，而金不能克时，则木便去乘土，同时反

171

过来侮金。反之，木行不足，则金来乘土，土反侮木。这种关系即：木—土—水—火—金—木。

五行的这种理论求的是总体的相对平衡，求的是中庸之道。它成为了中国烹饪对原料、对配伍、对调味的认识和要求，并蕴含在烹饪技法与菜品中。而食医、疾医却由此前进一步，用五行说奠定了整个中医学说，并逐步脱离了中国烹饪的范畴，而自成一家。

（二）阴阳与烹饪的辩证法

阴阳学说盛行于春秋战国这个社会制度发生大变革的时代。作为一种宇宙观，它是这个时代的产物与反映。阴阳学说以阴阳的相反相成、对立统一来解释事物的发展变化。"阴阳者，天地之道也，万物之纲纪，变化之父母，生杀之本始"（《素问·阴阳应象大论》），"夫物之生，从于化，物之极，由乎变；变化之相薄成败之所由也"（《素问·六微旨大论》）。这就是说，世间一切事物都是由阴阳两个对立面构成的，而一切事物的发生、发展、变化又都是阴阳相互斗争的结果。所谓阳，概括地说，动的、热的、在外的、明亮的、亢进的、兴奋的、强壮的都为阳。所谓阴，静的、寒的、在下的、在内的、晦暗的、减退的、抑制的、虚弱的皆为阴。但阴阳又是相对的，并不是固定不变的。阴阳相互依存，"阴阳互根"，无阴无所谓阳。无阳无所谓阴，阴阳又是互相转化的，"重阴必阳，重阳必阴"（《素问·阴阳应象大论》），阴消阳长，阳消阴长。阴阳学说的这些辩证法深深地浸润着中国烹饪的各个环节，并且在实践中得以广泛应用。

《周礼》六官兼包阴阳五行，所以阴阳五行思想在宫廷食制中有明显体现。《礼记·郊特牲》曰："飨禘有乐，而食尝无乐，阴阳之义也。凡饮，养阳气也；凡食，养阴气也。"[①] 又曰："鼎俎奇而笾豆偶，阴阳之义也。笾豆之实，水土之品也。""郊之祭也，……器用陶匏，以象天地之性也。""恒豆之

---

① 〔清〕孙希旦撰，沈啸寰，王星贤点校．礼记集解（全三册）．北京：中华书局，1989.

菹，水草之和气也。其醢，陆产之物也。加豆，陆产也。其醢，水物也。笾豆之荐，水土之品也。"《国语·郑语》亦曰："先王以土与金木水火杂，以成百物"①。依此，饮是阳而食是阴。火熟之肉多半为阳，谷类食物多半是阴。金属器是为阳的，而陶瓠则阴大于阳。以肉类为主要成分的肴，系用火烹熟，属火；以谷物为主的"饭"系土地所生，属甘；"饮"一类的酒、醴、浆等均与水有关，属水；青铜食器为金属所铸，属金；笾豆为木所制，属木。故周代王室就是以阴阳五行理论为依据构建的食、饮、膳、馐，它是阴与阳的结合，并采取了与五行匹配的形态。又比如，在烹调中水与火是一对矛盾，火为阳，水为阴，无火，水不能熟食，不能作用于原料。火过大，过猛，用时过长，属阳过盛，阳过盛则阴衰，阴衰则水失，水失则物性变化。火过小，水过大，水不能变，则水为阳、火为阴，则物性不变。这就是烹饪活动中阴与阳的对立统一的辩证法则。故伊尹以至味说汤，将烹饪的道理引申到治国，调和鼎鼐而论天下，并不是偶然。

（三）中庸与调和

中庸思想是阴阳五行说在孔孟学说中的一个延伸。孔子称中庸为至德，他感叹所处的纷争时代早已不知和为贵，不能守中庸之道了。所谓中庸是不偏不倚之义，"不偏之谓中，不易之谓庸"②（《四书集注·中庸》），过者失中，过犹不及。和为贵的思想、不偏不倚的中庸之道在中国烹饪中得以体现，并被奉为宗旨，这就是从春秋战国至今而不变的五味调和说。

伊尹说汤以至味，其"调和之事必以甘、酸、苦、辛、咸先后多少，其齐甚微，皆有自起……故久而不弊，熟而不烂，甘而不哝，酸而不酷，咸而不减，辛而不烈，淡而不薄，肥而不腻"的调味辩证法，核心即"皆有自起"和"不偏不倚"。皆有自起是依其本性，不偏不倚就是守中，就是不过，就是和。所谓和不只是合，不仅仅是相加而且是融为一体。阴阳合一，五行合一，

---

① 陈桐生. 国语. 北京：中华书局，2013.
② 朱熹. 四书集注·中庸. 长沙：岳麓书社，1998.

五味合一，即谓之和。中国烹饪文化是多地域文化交流碰撞的结果，风俗之异，物产之异，使口味相差何止十万八千里。而要一统之，必使过甘者、过酸者、过咸者、过辛者、过苦者统统不过，才可于一鼎调和，才可使各味各得其所。故中庸之道未在政治历史中如意，却在案俎之间、鼎鬻之中得逞。

二、原料之论

从新石器时代开始，到春秋战国，在种植业、养殖业发展的经济背景下，中国烹饪是应用原料最多、取材最广泛的，也是对原料了解最细、选用最全的。一动物从首至尾，从内到外，从皮肤到肌肉、结缔、脂肪、骨骼、血液无一弃之。一植物从根到茎、叶、花、果无一不用，大自然所提供给人类可食用的一切，几乎都在中国烹饪的手掌之中。中国烹饪也是最解物性的，扬长避短，加工再制，合理配伍，将原料自身中所含的全部价值，充分揭示并利用之。中国烹饪应用原料的这些特点及态度，是一种唯物主义的态度，是辩证法的态度，是符合大自然之规律和人类生存发展的规律的。《周礼》"疡医"和"疾医"记载："以五气（当为"五谷"）养之，以五药疗之，以五味节之。""以五味、五谷、五药养其病。""凡药，以酸养骨，以辛养筋，以咸养脉，以苦养气，以甘养肉，以滑养窍。"

（一）广采博取，皆为我用

人是杂食类动物，这是人类自身生理特点所决定的。杂食能使人有更强的适应性，从而保障人们在各种自然条件下生存。杂食能使人全面地吸取营养，从而使自身得到更好的发展。故须广采博取，纳万物之精华以养生。不论是动物、植物还是矿物均不排除于食谱之外，能食则食，能药则药，亦食亦药，亦药亦食。中国烹饪形成如此的原料观有着诸多原因。首先，商、周时代的人口就有数千万之众，如此众多的人口，使扩大食物来源，增加可食物质的数量、种类就成为相当重要的问题。《淮南子·修务训》载："神农尝百草之滋味，水泉之甘苦，令民知所避就，一日而遇七十毒。"这些尝试所得之经验、成果，必然会很快地进入烹饪领域之内，并稳定下来。而原料之用是循季节而生之物，则循季节之用。要求在不同的季节应选用适合季节特点、需要，并利于养生的原料。"春多酸，夏多苦，秋多辛，冬多咸"（《周礼·天官》），"……以酸养骨，以辛养筋，以咸养脉，以苦养气，以甘养肉，以滑养窍"（《周礼·天官》）。《周礼》中"疡医"和"疾医"的"以五气（当为'五谷'）养之，以五药疗之，以五味节之"，"以五味、五谷、五药养其病"也正是这个意思。

（二）格物知至，各展物性

对原料物性的掌握、发掘，目的在于利用。知其原理，知其物性，以使一物各展一性。天地万物，阴阳所合，但却是各有所长，各有所短。不知物性何以烹饪，"辨体名肉物，辨百品之物"（《周礼·天官》）就是周代宫廷内饔的职责。

辨物性首要的是对每一种、每一类原料的出处、特性加以甄别，求真选优，分档使用。辨物性，一要识节令，要循时令、季节，"冬献狼，夏献麋，春秋献兽物"。兽人冬天献狼，夏季献麋鹿，春秋凡兽都可献。"渔人掌以时渔……春献王鲔"，渔人春季进献大鲔鱼；"以时籍鱼鳖龟蜃……春献鳖蜃，秋献龟鱼"。二要选品质，"黍曰'芗合'，粱曰'芗萁'，稷曰'明粢'，稻曰'嘉蔬'"，也就是说黍要选择香而富有黏性的，粱要选择香的，稷要选择色泽明亮的，稻要选择优良的。三要卫生，"不食雏鳖。狼去肠，狗去肾，狸去正脊，兔去尻，狐去首，豚去脑，鱼去乙，鳖去丑。肉曰脱之，鱼曰作之，枣曰新之，栗曰撰之，桃曰胆之，柤、梨曰攒之"①。意思是肉要去其筋骨，鱼要去除鳞和内脏，枣要拭去灰尘，栗子要拣败粒，桃子要擦去绒毛，山楂和梨子要剜去虫眼。肉食原料更是要求："辨腥、臊、膻、香之不可食者。牛夜鸣则庮，羊泠毛而毳，膻。犬赤股而躁，臊，鸟皫色而沙鸣，狸。豕盲视而交

———————
① 吕友仁等.周礼·天官·膳夫.郑州：中州古籍出版社，2010.

睫，腥，马黑脊而斑臂，蝼"①，即内饔要负责辨别鸡、犬、羊、牛等牲中不可食用的。牛如果夜鸣，肉就恶臭。羊毛长而又打结，肉就膻。狗如果后腿无毛而又躁，肉就臊。鸟的毛色无光泽而又鸣声嘶哑，肉就腐臭。猪如果作远视而睫毛相交，它的肉中就生有囊虫。马脊作黑色而前胫有杂斑，它的肉就作蝼蛄臭②。

（三）精妙组合，补精益气

各类原料经加工烹制组合为菜品，各种菜品又按需要组合为各类筵席，这些不同的组合也就搭起了中国烹饪的膳食结构。而膳食结构又使各类原料有了在整体结构中的定位，这个定位又都服从于如此组合、如此结构的终极目的。所谓终极目的，就是补精益气，就是养生。《黄帝内经·素问》载："五谷为养、五果为助、五畜为益、五菜为充，气味合而服之，以补精益气。"③（《黄帝内经素问·藏气法时论篇》）五谷为黍、稷、麦、菽、稻，五果为桃、李、杏、栗、枣，五菜为葵、韭、藿、薤、葱，五畜为牛、羊、豕、犬、鸡。所谓五谷为养，是以谷类为生之本；五果为助，是以果类辅佐之；五畜为益，是以肉类补谷物之不足；五菜为充，是以蔬菜充实之。气味合而服之，是指此四五有辛、酸、甘、苦、咸，各有所利，故相配合以补精益气，以养生。

《周礼》记载："凡用禽献，春行羔豚，膳膏香；夏行腒鱐，膳膏臊；秋行犊麛，膳膏腥；冬行鲜羽，膳膏膻"④。也就是说，春季用羊羔肉和小猪肉，用香味的牛膏脂煎和；夏季用干野鸡肉和干鱼，用有臊味的狗膏脂煎和；秋季用牛犊肉和小兽肉，用有腥味的鸡膏脂煎和；冬季用鲜鱼和鹅肉，用有膻味的羊膏脂煎和。（《周礼·天官冢宰·庖人》）同时"凡会膳食之宜，牛宜稌，羊宜黍，豕宜稷，犬宜粱，雁宜麦，鱼宜苽"⑤。即牛肉宜配稻饭，羊肉宜配

---

① 徐正英，常佩雨．周礼．北京：中华书局，2014.
② 杨天宇．周礼译注．上海：上海古籍出版社，2004.
③ 姚春鹏．黄帝内经．北京：中华书局，2009.
④ 徐正英，常佩雨．周礼．北京：中华书局，2014.
⑤ 同③

黍饭，猪肉宜配稷饭，狗肉宜配粱饭，鹅肉宜配麦饭，鱼肉宜配菰米饭等。"食：蜗醢而菰食、雉羹；麦食，脯羹、鸡羹；析稌、犬羹、兔羹；和糁，不蓼"[1]。即蜗牛肉酱，配以菰米饭、野鸡肉羹；麦做的饭，配以干肉做的羹、鸡肉羹；稻米做的饭，配以狗肉羹、兔肉羹。调和并掺以米糁，而不加放辛菜。还要求"脍，春用韭，秋用芥。豚，春用韭，秋用蓼。脂用葱，膏用薤。三牲用藙，和用醯。兽用梅。鹑羹、鸡羹、鴽，酿之蓼。鲂、鱮烝，雏烧，雉，芗，无蓼"[2]。即肉脍，春季用葱，秋季用芥菜酱。猪肉则春季用韭菜，秋季用辛菜。脂用葱，膏用薤。牛羊豕三牲肉配以茱萸，用醋和。兽肉用梅。鹑肉羹、鸡肉羹、鴽肉，都用辛菜配。蒸鲂鱼、鲢鱼，烧雏鸟肉，野鸡肉，用香草配，不用辛菜。

故中国烹饪的菜品独用一物者极少，多为两种以上的原料组合。这些原料按主料、配料、调料确定位置，理顺关系，扬长避短，使不利成分得到制约或减弱，使有味者出味、无味者入味，使之营养互补、膳食平衡。

三、调味之论

调味是烹饪的核心。

（一）味的定义

味，食之觉也。味是口味、是滋味，这个感觉或是甘、酸、苦、辛、咸的单一表现，或是甘酸、辛酸、辛咸、甘咸、甘苦等复合的感觉。味则是它和它们的抽象。因此可以说，味就是五味的表现。或酥、或脆、或软、或滑、或糯、或柔、或老、或嫩，或甘糯、或软咸、或辛柔、或酸滑、或醇厚、或浓厚、或清淡、或清爽等都是食物留给人最后的感觉。这个感觉就是味，是味的艺术能够具体表达出来的形式。在这个完成以后，味就通过烹饪的、口腔的全部运动，构成了某种意义，蕴含了某些宗旨，成为味道，成为在一定的主观、

① 〔汉〕郑玄. 礼记·内则. 北京：中华书局，2015.
② 同①

客观条件的结合下所给人形成的心理体验的结果。

（二）味的调和

食物是需要调和的，伊尹的"夫三群之虫，水居者腥，肉攫者臊，草食者膻。臭恶犹美，皆有所以。调和之事，必以甘、酸、苦、辛、咸，先后多少，其齐甚微，皆有自起"是先人对调和的最早的论断，食物的原料尤其是动物性的原料均存在各自的缺陷，调和首先是要隐恶扬善。隐恶就是除去异味，扬善就是要提出本味，然后根据物性和需要调以甘、酸、苦、辛、咸之物，通过五味的先后、多寡、综合、对比、消杀、相乘、转换，使有味的原料原味、本味出现，赋予无味的原料以五味，最后合成一味，完成菜品。《尚书·说命下》载："若作和羹，尔惟盐梅"①。《晏子春秋·重而异者》载："和如羹焉，水、火、醯、醢、盐梅，以烹鱼肉。"②"和用醯，兽用梅"，是以咸、酸去腥，且易成熟。"凡和，春多酸，夏多苦，秋多辛，冬多咸，调以滑甘"（《礼记·内则》），此"滑甘"多解为米粉，恐不确。"滑者通利往来以调和五味"（《周礼·天官·食医》），故所谓滑甘在以煮、炖、烩为主要技法的烹饪阶段，应以羹、浆之类为滑甘之物，这也是后世烹调用汤、用料酒之滥觞。因此用汤这个特殊的水，来提升或增加菜品之鲜味，以汤之平与醇厚来和酸、苦、辛、咸，成为调和的重要手段之一。五味调和最核心的点是调。调的本义是适当，原指弓强弱与矢轻重相当；所谓和是和顺，是相融，是居中，是不过；调和是和顺、谐调，是中庸。是要做到当酸、当咸、当甘、当苦、当辛则当之，但要把握住度，做到如阴阳之化，天地合一。"水、火、醯、醢、盐、梅，以烹鱼肉，燀之以薪，宰夫和之，齐之以味，济其不及，以泄其过。君子食之，以平其心……""一身之中，阴阳运用，五行相生，莫不由饮食也"（《黄帝内经素问·生气通天论》），说明求和求调也是养生的需要。

除了基础调味外，还使用大量香辛料进行调味。《礼记·内则》载："濡

① 王世舜. 尚书. 北京：中华书局，2011.
② 陈涛. 晏子春秋. 北京：中华书局，2007.

豚，包苦，实蓼；濡鸡，醢酱，实蓼；濡鱼，卵酱，实蓼；濡鳖，醢酱，实蓼；殿修，蚳醢；脯羹，兔醢；麋肤，鱼醢；鱼脍，芥酱；麋腥，醢酱；桃诸、梅诸、卵盐。"① 也就是说，烹煮小猪，猪身上用苦菜覆盖，猪腹中填塞辛菜；烹煮鸡肉，加肉酱，鸡腹中填塞辛菜；烹煮鱼，加鱼子酱，鱼腹中填塞辛菜；烹煮鳖肉，加肉酱，鳖腹中填塞辛菜。加姜桂等捶捣而成的干肉，配以蚁子酱；用干肉做成的羹，配以兔肉酱；切成块的麋肉，配以鱼肉酱；切细的鱼肉，配以芥菜酱；生麋肉，配以肉醢；干桃菹、干梅菹，配以盐块。如此不仅可以除腥、压异、解腻，还能兴奋味蕾，促进食欲。

（三）味的标准

伊尹说汤以至味，所谓至味即味之美者，其所列无非天下之优秀、珍稀之物，是美味但不是味美的标准。什么是味的标准，何为味美，这也是个非常不具体的概念。好吃是味美，可以算作标准，但口嗜不同，好吃无法统一。味有标准，也无标准，食无定味，适口者珍。很难对味美的标准作出一个统一的具体的规定，但这也并不是说味美就没有一个标准可言。虽然味是一个十分精妙的、包括多种因素在内的，有时真乃是"口弗能言，志弗能喻"的感觉，也还是可以确定一个基本的标准的。这就是以味作为以食物为主体，构成味觉的具体感受，并在味觉快感的基础上，以环境、气氛为保证，满足人的心理欲望和审美要求的实现。

四、火候之论

"五味三材，九沸九变，火为之纪"，中国烹饪驾驭火的功夫独步世界，堪称精到。它是中国烹饪技法、品种千变万化的基础。

（一）水、火关系

水与火是一对矛盾，一阴一阳，一热一凉。伊尹说："凡味之本，水最为

---

① 〔汉〕郑玄. 礼记. 北京：中华书局，2015.

始。"无水无所谓调味，但如果没有火，水就无从调味。在烹饪过程中无火则水无大用，而无水则火无处发挥，因此中国烹饪是以水用火，以水用火是避开明火、直火之弊端，让火之阳隐于水之阴，让火之刚通过水之柔以克它物。"五味三材，九沸九变"，三材水、木、火，火通过水作用于五味。鼎中的九沸九变，是以沸水变五味，但这九沸之水，又恰恰是纯青之炉火的表现。《老子·二十八章》曰："知其雄守其雌为天下谿，知其白守其黑为天下式。"雄、白为阳，雌、黑为阴，知雄、白，而守雌、黑，则雄、白、雌、黑皆归一。火为阳，水为阴，知火守水，以火驱水，以水代火，藏火于水。"千锤百炼钢化作绕指柔"，以刚化柔则无坚不摧，而水火归一。

（二）火为之纪

"火为之纪"是火候论的中心。纪，法度准则，在此意又通节。节，节制、适度、法度。于是"火为之纪"就是"九沸九变"这个烹饪过程中的法度、准则，就是火的火力大小，时间长短，即是火候。而火候之度，是否适，是否中，则决定味是否和，决定菜品的成功与失败。火的度，火候，是根据烹饪的需要而确定的，是"灭腥、去臊、除膻"所要求的，这就是被动用火和主动驭火的区别所在。时疾时徐，时文时武，时大时小，时有时无，根据需要，或先疾后徐，或先文后武，或先大后小。物性老韧，急切难下，要徐徐而来以文火慢成。物性脆嫩，久者易变，要疾疾而行以旺火速成。不易入味，不易成熟，则先徐后疾，先文后武，不致外焦里生。为保物性，不致失味则要先武后文，先疾后徐避免脱水老化。有些原料、物性顽固，大火急攻伤其皮毛而不能得之，小火袭之则威力太小难以奏效，于是以不文不武之火徐徐而成。所以驭火之术是以火的量的变化，来保证原料质的变化。把握住了量，把握住了度，就把握住了质。量变决定质变，伊尹说的"必以其胜，无失其理"，也正是这个道理。

（三）用火之道

用火也确有道，仅知火力而用之是用火之术，知火候而节之是用火之道。

180

从术到道是一个从积累的过程，是一个量变到质变的过程。能识火，能节火，才算掌握了火候。而这掌握火候，即驭火，驭火是要理解物性在先，理解掌握了物性才能以火纪之，而完成烹饪。物性的变化，鼎中的变化，由此而引起的火候的微妙变化，个中奥秘，甚难用文字或语言直接描绘。"若射御之微，阴阳之化，四时之数"全在"运用之妙，存乎一心"。

第八节 烹饪技术的进步与风味技术流派的萌芽

食制的确立，技术分工的细化，烹饪职业技术体系的完备，反映出中国烹饪技术的进步。建立在技术理论之上整个烹饪技术体系对原料选择、切配、加热、调味、造型、盛装都达成了共识，并确定了烹饪工艺技术的初步格局和审美标准，为后世烹饪工艺的发展奠定了基础。而周代宫廷中完备的食制理论和技术，则深度影响到了各诸侯国地域及整个社会的中上阶层，风味流派亦有萌芽。

一、审美标准趋向统一

中国烹饪技术体系的长期实践积累，势必会产生大量的经验，比如刀工，厚切为"胾"、长条为"脯"，薄切、缕切为"脍"，连骨砍件为"轩"。成片"必绝其理"，已经形成一些章法。加热方面，对"水火之齐"（齐同剂），即水、火之间的变化和把握已有心得，水最为始，但以火为纪。调味方面的经验更加丰富，也部分上升到理论论述。如主张按照季节调味，主张五味调和。"水、火、醯、醢、盐、梅，以烹鱼肉，燀之以薪，宰夫和之，齐之以味，济其不及，以泄其过。君子食之，以平其心……"，继承了伊尹融五味于鼎鼐之中而和之的理论。在膳食结构平衡方面，已经注意到主副食之搭配和以五谷为养。审美也有标准的共识，孔子的"食不厌精，脍不厌细，食饐而餲，鱼馁而肉败，不食。色恶，不食。臭恶，不食。失饪，不食。不时，不食。割不正，不食。不得其酱，不食。沽酒市脯，不食"①，应该是被广泛接受的。正如《孟子·告子章句上》所云："口之于味也，有同耆焉；耳之于声也，有同听焉，目之于色也，有同美焉。"② 故，色、香、味、形的分类标准沿袭至今。

二、烹饪技术显著进步

从西周开始到春秋战国时期，烹饪技术显著进步。首先是刀法之妙，《庄子·内篇·养生主》载："庖丁为文惠君解牛，手之所触，肩之所倚，足之所履，膝之所踦，砉然向然，奏刀騞然，莫不中音。合于桑林之舞，乃中经首之会。文惠君曰：'嘻，善哉！技盖至此乎？'"庖丁的解释是："臣之所好者道也，进乎技矣。始臣之解牛之时，所见无非牛者。三年之后，未尝见全牛也。方今之时，臣以神遇而不以目视，官知止而神欲行。依乎天理，批大郤，导大窾，因其固然。技经肯綮之未尝，而况大軱乎！良庖岁更刀，割也；族庖月更刀，折也。今臣之刀十九年矣，所解数千牛矣，而刀刃若新发于硎。彼节者有间，而刀刃者无厚；以无厚入有间，恢恢乎其于游刃必有余地矣，是以十九年而刀刃若新发于硎。"③ 从中可以得知，一是庖人已经对牛的骨骼结构有了全面的认识，可以说是了然在胸。刀法纯熟，懂得循关节开骨，顺纹理割肉，才能游刃有余。二是当时庖人之刀相当锋利，可能是合金铜刀，但战国晚期已有铁器，更可能是铁刀，才有如此硬度，才能多年不磨。在原料的鉴别和调味上，亦有高手，《列子·说符》载："白公问曰：'若以水投水何如'？孔子曰：'淄渑之合，易牙尝而知之'。"易牙能辨别出淄水与渑水的不同，其调味之功

① 孔子及其弟子．论语．北京：中华书局，2006.
② 孟子．孟子．杭州：浙江古籍出版社，2004.
③ 庄子．庄子．北京：中国社会科学出版社，2004.

夫定然高明。东汉王充在《论衡·谴告》中说："狄（易）牙之调味也，酸则沃之以水，淡则加之以咸。"① 易牙是官厨，齐桓公的宠臣，德行极差，但确属能知味、辨味之人，代表了、反映了整个时代技术界的水平和高度。

三、原料的加工与配伍要求细化考究

（一）分档取料和按需切割

如"豚解"和"体解"，豚解是将牲体分割成七块，即肱二、股二、脊一、胁二。左右前肢为肱，后肢叫股，体中曰脊，脊左右是胁。体解将牲体分割成二十一块，即肱骨六、股骨六、脊骨三、胁骨六。如前肢肱骨：最上是肩，肩下为臂，臂下为臑。后肢股骨：最上为肫，也叫膊，肫下为胳，或做骼，胳下为觳。中体正中脊骨：前为正脊，中为脡脊，后为横肌。脊两旁之肋胁骨：前为代胁，中为正胁，后为短胁。在体解并剔除筋骨后，肉多体实的部分称为"戴""大脔"，切成长条的称为"脯"，细切为薄片或缕切成丝称为"脍"，连骨斩件称为"轩"，脊椎两侧的精肉称"膴""脢""胲"等。

（二）配伍标准初定

烹饪原料配伍标准的初定，提升了产品质量。如《礼记·内则》载："濡豚，包苦，实蓼；濡鸡，醢酱，实蓼；濡鱼，卵酱，实蓼；濡鳖，醢酱，实蓼；腶修，蚳醢；脯羹，兔醢；麋肤，鱼醢；鱼脍，芥酱；麋腥，醢酱；桃诸、梅诸、卵盐。"也就是说，烹煮小猪，猪身上用苦菜覆盖，猪腹中填塞辛菜；烹煮鸡肉，加肉酱，鸡腹中填塞辛菜；烹煮鱼，加鱼子酱，鱼腹中填塞辛菜；烹煮鳖肉，加肉酱，鳖腹中填塞辛菜。加姜桂等捶捣而成的干肉，配以蚁子酱；用干肉做成的羹，配以兔肉酱；切成块的麋肉，配以鱼肉酱；切细的鱼肉，配以芥菜酱；生麋肉，配以肉醢；干桃菹、干梅菹，配以盐块。采用这样的标准，才能达到除腥、压异、解腻的目的，实现菜品质量的提升。

---

① 王充. 论衡. 长沙：岳麓书社，2006.

四、烹饪技术拓展，复合技法出现

从周立国到秦统一中国的 800 多年时间内，虽然并无因灶具、工具、燃料等的变化出现新的基础技法，但火熟、水熟、油熟、盐熟和发酵技术这些基本门类里的烹饪技法，都在政治、经济的背景下，在各类灶具、厨具、工具等的进步下得到了提升和拓展。也出现了多种复合技法的使用，从而涌现出诸多新品。

烹饪技法的进步主要表现为以下几个方面。

干腌：周代干制品大都经过腌制，代表品种为脯和脩。脯为块状或片状，脯为腌后风干或晒干。脩为条状，经捶打并加姜、桂调味后风干或晒干。长以若干条捆扎，名为束脩。《礼记·少仪》《论语·述而》都有记载。菹、醢均为腌制。菹为整形腌制的蔬菜。醢为细切或碎切的肉类和蔬菜。

发酵：发酵工艺相当成熟，代表品种为酒、酱、醯、醢。根据酿造后的不同状态和不同需要的分类，酒称为三酒五齐（剂）。"五齐"指"泛齐""醴齐""盎齐""缇齐""沉齐"五种酒。缇齐是丹黄色之酒，沉齐是酒的糟、渣下沉。泛齐为酒糟浮在酒中，醴齐是滓、液混合，盎齐是白色之酒，此五种酒是相对于清酒的浊酒。"三酒"即"事酒""昔酒""清酒"三种，统称"三酒"。事酒为因事之酿，时间较短；昔酒是可以短时储藏之酒，稍醇厚；清酒则冬酿夏熟，为当时酒中珍品。清酒、浊酒、三酒、五齐都是发酵后直接饮用之酒。酱用谷物发酵。醯（醋）为谷物或果类发酵。醢为动物性原料破碎后发酵。

煮：羹、臛为代表品种。羹类很多，多由各种动物性原料煮制而成。名品为大羹、铏羹、和羹。大羹为纯肉汁，铏羹为加蔬菜煮成，和羹为经调味之羹。臛亦经煮制而成，较羹浓稠。《礼记·内则》载："羹食，自诸侯之下至于庶人、无等"，郑玄等作注曰："羹食、食之主也。"但大羹之名，又有为羹之最之意，并非人人可食之物，这由原料所决定。肉类稀缺、汤汁珍重，不是谁都可以染指的。按《春秋左传·宣公四年》记：郑灵公煮大鳖为羹，不分公子宋一杯，宋染指尝之，激怒灵公欲杀之，公子宋造反，郑灵公反而送命。

图 4-16　西周的鬲（炊粥器）

图 4-17　鼎（煮器）

图 4-18　东周的鼎（盛器）

蒸：蒸的工艺有很大进步，适应的原料更广泛。夏、商的陶甗和铜甗的甑多为孔径较大的圆形孔和扇形孔。如妇好墓的三联甗，只能蒸制块状物。西周以后已有宽2毫米左右的条形镂空的甑出现（河南济源有战国时期类似物出土），使谷物颗粒的蒸制成为可能或变得容易。饭的概念当由此产生，淳熬、淳毋便是例子。

图 4-19　西周的蒸饭器甗

渍与脍：渍为动物性原料腌制后生食。脍（鲙）为肉类、鱼类片切或切成丝、缕状，配香辛类原料和酱料生食。《诗经·小雅·六月》载："饮御诸友，炰鳖脍鲤"[1]。《礼记》中有："脍，春用葱，秋用芥。"《论语》也有对脍"不得其酱不食"等记述。

---

[1] 王秀梅. 诗经. 北京：中华书局，2006.

图 4-20 甗的外观

图 4-21 盛放腌菜、肉酱等和味品的豆

烤与炙：烤与炙的进步是制作工艺的提升。它不再是用篝火或火塘烤炙，烤炉、烤盘出现以后，使用炭火。《韩非子·内储说下》有这样的记载："文公（晋文公，重耳）之时，宰臣上炙而发绕之，文公召宰人而谯之曰：'女（汝）欲寡人之哽邪？奚为以发绕炙？'宰人顿首再拜请曰：'臣有死罪三：援砺砥刀，利犹干将（古宝剑名）也，切肉，肉断而发不断，臣之罪一也；援木贯脔而不见发，臣之罪二也；奉炙炉，炭火尽赤红，炙熟而发不焦，臣之罪三也。堂下得无有疾臣者乎？'公曰：'善！'乃招其堂下而谯之，果然，乃诛之。"[1] 切肉、串肉、炭烤三个步骤便是烤炙类进步的明证。

煎与炮：铜制炊具的改进使动物脂膏被广泛使用。少油为煎，如糁，油没（灭之）原料为炮，是后世炸的滥觞，如炮豚。

图 4-22　春秋的鼎和部分炊具

还应该指出的是，这个时期复合技法也已经出现，例如周代八珍的炮豚。此外，《管子》一书中记录的"雕卵"[2]，即将蛋壳雕刻后再煮熟的蛋，是最早关于食品雕刻的记录。

---

① 高华平，王齐洲，张三夕. 韩非子. 北京：中华书局，2010.
② 李山. 管子. 北京：中华书局，2009.

五、烹饪品种丰富

烹饪技术的进步自然会表现为烹饪品种的丰富。《周礼·天官》载："凡王之馈，食用六谷，膳用六牲，饮用六清，羞用百有二十品，珍用八物"[1]，"食医掌和王之六食，六饮、六膳、百羞、百酱、八珍之齐"[2]。其中有些品种和技法则成为后世对世间美食的概括，如"八珍"和脍炙人口的、影响广泛、深远的、八珍中的"淳熬"和"淳毋"是后世盖浇饭之祖。炮豚是烤乳猪的滥觞，现代肉丸传承着捣珍，渍和脍之鱼生、肉生和烤串仍旧脍炙人口。肝膋是今之签菜，糁的变化更多，肉饼、肉盒都是。毫无疑义的是，运用并复合了蒸、煎、炮（炸）、烤、酿、腌、捣等多种技法的周代八珍，传承至今。

《周礼》《礼记》所载品种丰富，见于《周礼》中所载的就有：

干、腌制肉类有：脯、脩、腊。

羹类有：大羹、铏羹。

酱、腌、醢类菜品号称五齑、七醢、七菹、三臡，其中包含：韭菹、酏醢，昌本、麋臡，菁菹、鹿臡，茆菹、麇臡，葵菹、蠃醢、脾析、蠯醢、蜃、蚳醢，豚拍、鱼醢、鲍鱼、鱐。

干果、脯类有：枣、栗、桃、干橑、榛实、菱、芡、栗脯。

酒饮制品有：五齐、三酒、四饮、郁、鬯、裸。

五齐为：泛齐、醴齐、盎齐、缇齐、沉齐。

三酒为：事酒、昔酒、清酒。

四饮为：清、醫、浆、酏。

点心类有：酏食、糁食、糗饵、粉餈、六谷米饭。

见于《礼记·内则》所载的有：

饭：黍、稷、稻、粱、白黍、黄粱、稰、穛。

① 孙诒让．周禮正義（全十四册）．北京：中华书局，1987.
② 同①

膳：腒、臐、膮、牛炙、牛胾、牛脍、羊炙、羊胾，豕炙、豕胾、雉、兔、鹑、鷃、濡豚、濡鸡、濡鱼，卵酱实蓼；濡鳖、麋肤、麇腥。

饮：重醴、稻醴、黍醴、粱醴、黍酏、浆、水、醷、滥。

图 4-23　祭祀和宴飨时盛放黍稷稻粱等饭食的簋

酒：清、白。

馐：糗、饵、粉、酏。

食：菰食、糁、麦食。

羹：雉羹、脯羹，鸡羹、犬羹、兔羹。

醢：蚳醢、兔醢、鱼醢、桃诸、梅诸、卵盐、蜗醢。

脍：鱼脍。

酱：芥酱。

图 4-24　西周的铜爵（饮酒器）

图 4-25　春秋的夔龙纹带盖铜鼎

图 4-26　春秋的铜罍

图 4-27　战国的青铜敦

图 4-28　春秋的铜舟

图 4-29　战国的铜鬲

图 4-30　西周的铜觯

图 4-31　双耳簋

　　周室八珍为淳熬、淳毋、炮豚、捣珍、渍、熬、糁、肝膋。《礼记·内则》详细记录了"八珍"及其制法："淳熬，煎醢，加于陆稻上，沃之以膏，曰淳熬。淳毋，煎醢，加于黍食上，沃之以膏，曰淳毋。炮，取豚若将，刲之刳之，实枣于其腹中，编萑以苴之，涂之以谨涂，炮之，涂皆干，擘之，濯手以摩之，去其皽；为稻粉，糔溲之以为酏，以付豚，煎诸膏，膏必灭之。巨镬汤，以小鼎，芗脯于其中，使其汤毋灭鼎，三日三夜毋绝火，而后调之以醯醢。捣珍，取牛、羊、麋、鹿、麕之肉，必脄，每物与牛若一，捶反侧之，去其饵，孰出之，去其皽，柔其肉。渍，取牛肉，必新杀者，薄切之，必绝其理，湛诸美酒，期朝而食之，以醢若醯、醷。为熬，捶之，去其皽，编萑，布牛肉焉，屑桂与姜，以洒诸上而盐之，干而食之。施麋，施鹿，施麕，皆如牛羊，欲濡肉，则释而煎之以醢。欲干肉，则捶而食之。糁，取牛、羊、豕之肉，三如一，小切之，与稻米，稻米二、肉一，合以为饵，煎之。肝膋，取狗肝一，幪之以其膋，濡，炙之，举燋其膋，不蓼。取稻米，举糔溲之，小切狼膶膏，以与稻米为酏"①。

图 4-32　西周的晋侯稣鼎

图 4-33　晋侯稣列鼎

八珍中，淳熬、淳毋其实为同类，所谓毋在这里取相似之意，即淳毋似淳
熬。此珍从如今分类来看属于饭，它是以稻和黍蒸后沃之肉酱，是后世盖浇饭
俗称大米饭肉浇头的滥觞。炮是将乳猪或羊羔剖腹实枣、裹草涂泥、烤后再
炸，隔水炖之、拌而食之，烤乳猪、烤全羊等类菜肴均由此而来。捣珍是选用

① 〔清〕孙希旦撰．沈啸寰，王星贤点校．记集解．北京：中华书局，1989．

胅，即牛里脊肉配以其他动物里脊捶之。此珍制法特殊，书中所载却多有疑义，因胅虽有筋膜，但肉质柔嫩，反复捶打，筋膜出后几成肉糜，何须煮后再揉？故此珍是将胅捶成肉糜，故称捣珍，捣后煮之，便是肉丸，当是今时所有丸子的前辈。渍是生食之法，新宰精肉、顶刀切之，浸渍调味而食，渍肉为脍、渍鱼为鲙。熬在当时主要是干肉之法，但后世之熬是小火、慢炖、收干，由此而来、发展变化。肝膋传到北宋成为签，有鸡签、鸭签、羊头签等等。不过是猪肝替代了狗肝，还是裹油网炸制。虽不用香蓼，却是花椒盐佐食。膋改称签是因炸后改刀，刀口处如签在签筒之状，故名。糁在后世直接称作饵，饼饵之名由此而来，诸多肉饼之法均源此、肉粽虽用煮法，亦是继承。而糁现在成为谷物颗粒的专称，但糁肉羹还算有八珍遗意。

八珍虽仅八物，但却使用烤、蒸、煮、炸、酿、捣、渍、腌、煎、隔水炖等十多种技法，技术水准很高，反映了当时的生产力水平，特别是多种炊器的成熟。如炮豚，说是"煎诸膏"，但要求"膏必灭之"，这就由煎变炸。在烹饪工艺史上，炸是油脂能够成熟的作为传热介质并发挥出增香、增色作用的标识，同时鼎煮变鼎炸也表明青铜器完成了炊、食的分离。还是此珍，在炸后又炖，为保形也不失味，采用了隔水炖之法，鼎鬲合用，是为创造。再如捣珍，是对肉类原料加工的拓展，用刀切肉、剁肉，成脔、成醢都有筋膜在内影响食用。如今以石臼捣之，肉糜柔嫩、口感极佳。在对原料的使用上，八珍首先做到了选料精细、工艺考究，如炮要选乳猪、羊羔，捣要用里脊、渍必鲜肉、肝须包网油都是例证。更重要的是完成了中国烹饪从单料、单方向组合、复方的过渡，有了主料、配料、调料的概念和配伍，如淳熬、淳母是稻、黍和肉、脂的搭配，炮豚以枣做配、以醢醯为调料，熬用桂皮、姜、盐为调料等。

六、风味技术流派的萌芽

周室衰微、平王东迁、诸侯称霸、礼崩乐坏使得周王室的食制与烹饪技术作为榜样在整个中国范围内被效仿。也使得这些制度与技术和与被效仿地的气候、环境、物产、民俗产生结合，并形成带有地方特色的风味。中国烹饪风味技术流派也因此萌芽。但是，主流文明常常会强势地改变弱势文明的自身特点，弱势者也会因学习和效仿而将自身融入主流文明并传承下来。中国烹饪的基本理论、技术体系也就是这样一统了东夷西戎，南蛮北狄、四面八方。而就等级社会的各个阶层而言，中下层的人群是以高层的食风、食制为标杆和效仿对象的，虽然在相同的社会环境下，会因受自身经济、地位、文明水准和生存方式发生口味的轻重变化，但基本的审美需求是不会改变的。所以，风味、口味会形成地域、阶级、阶层的差别，周代便是如此。

以《楚辞·招魂》中为楚怀王招魂时的菜单为例："室家遂宗，食多方些。稻粢穱麦，挐黄粱些。大苦咸酸，辛甘行些。肥牛之腱，臑若芳些。和酸若苦，陈吴羹些。胹鳖炮羔，有柘浆些。鹄酸臇凫，煎鸿鸧些。露鸡臛蠵，厉而不爽些。粔籹蜜饵，有餦餭些。瑶浆蜜勺，实羽觞些。挫糟冻饮，酎清凉些。华酌既陈，有琼浆些。归来反故室，敬而无防些。"[1] 其品种，谷物有米、麦、黄粱；其菜品有牛蹄筋、酸辛羹、红烧甲鱼、炮羊羔、炸烹天鹅、红焖野鸭、煎肥雁和大鹤、卤汁油鸡、清炖大龟、油炸蛋馓、蜜沾粢粑、豆馅煎饼；还有蜜兑果浆、冰镇糯米酒，酸梅羹；口味则酸、甜、苦、辛，浓香、鲜淡齐全。与周室相比，技术上差别不大，但在原料的选择上则偏用野生，且口味偏重。呈现出层级与地域的差异。再如巴蜀地区，春秋中叶处于杜宇王朝时期，但气候、地理条件与今无异，而如今四川风味的主要调味品生姜、花椒、井盐等在战国时期已经出现。《吕氏春秋·本味》中有"和之美者""阳朴之姜"的记载，阳朴为四川之地。既然用于调味的生姜已经名扬四川之外，故巴、蜀前期好辛麻之风味势必也已初成。

至于当时所谓夷、戎、蛮、狄地区与中原地区之间的口味则差异稍大。据《黄帝内经·异法方宜论》记载："故东方之域，天地之所始生也，鱼盐之地，

---

① 屈原. 楚辞. 北京：中华书局，2010.

海滨傍水，其民食鱼而嗜咸。……西方者，金玉之域，砂石之处，天地之所收引也。其民陵居而多风，水土刚强，其民不衣而褐荐，其民华食而脂肥……北方者，天地所闭藏之域也，其地高陵居，风寒冰冽。其民乐野处而乳食。……南方者，天地所长养，阳之所盛处也，其地下，水土弱，雾露之所聚也。其民嗜酸而食胕。"① 当然，斯时这些地域与中原、中国地区的文明程度也有着巨大的差异，烹饪技术水准尚不能同日而语。

---

① 姚春鹏.黄帝内经.北京：中华书局，2009.

本章结语

　　西周以后，中国社会进入一个空前的大变革时代。奴隶制崩溃，封建制产生，生产关系的革命带来社会生产力的爆发式增长，种植业、养殖业、手工业、商业的发展提升了经济、繁荣了城市，解放了人们的思想。新兴的地主阶级积累了大量的财富，并追求政治上的跃升。社会秩序的巨变造成了礼崩乐坏，使得周室礼制、食制被效仿并扩散到整个中国。

　　原属奴隶主阶层拥有的烹饪技术、理论、筵席成体系地走出了王城和殿堂，走向了民间和四面八方，得到各个地域和各个社会阶层的学习与认同，由此引领了整个中国社会烹饪与饮食的发展、进步。这为后世中国烹饪理论的最终形成、为中国烹饪成为中国传统文化的重要组成部分奠定了基础。